autoricerca.com

AutoRicerca

No. 12, Anno 2016

AutoRicerca: No. 12, Anno 2016
Editore: Massimiliano Sassoli de Bianchi
Progetto grafico copertina: Paola Patocchi

AutoRicerca (ISSN 2673-5105) è una pubblicazione del *LAB – Laboratorio di AutoRicerca di Base* (www.autoricerca.ch), c/o *Area 302 SA* (www.area302.ch), via Cadepiano 18, 6917 Barbengo, Svizzera.

ISBN: 978-1-326-72609-6

INDICE

autoricerca.com

AVVERTIMENTO

Le pagine di un libro, siano esse cartacee o elettroniche, possiedono una particolarissima proprietà: sono in grado di accettare ogni varietà di lettere, parole, frasi e illustrazioni, senza mai esprimere una critica, o una disapprovazione. È importante essere pienamente consapevoli di questo fatto, quando percorriamo uno scritto, affinché la lanterna del nostro discernimento possa accompagnare sempre la nostra lettura. Per esplorare nuove possibilità è indubbiamente necessario rimanere aperti mentalmente, ma è ugualmente importante non cedere alla tentazione di assorbire acriticamente tutto quanto ci viene presentato. In altre parole, l'avvertimento è di sottoporre sempre il contenuto delle nostre letture al vaglio del nostro senso critico ed esperienza personale.

L'editore e gli autori degli articoli pubblicati non possono in alcun modo essere ritenuti responsabili circa le conseguenze di un eventuale cambiamento di paradigma indotto dalla lettura dei testi contenuti in questo volume.

autoricerca.com

EDITORIALE

Questo dodicesimo volume di *AutoRicerca* contiene un unico testo monografico, scritto in forma dialogica da *Massimiliano Sassoli de Bianchi*.

Il testo fu pubblicato un paio di lustri fa, per conto dell'autore, come saggio dal titolo "Dialogo sulla realtà", poi cambiato in: "Anche gli scienziati soffrono". Grazie ad *AutoRicerca*, e alla disponibilità dell'autore, questo singolare scritto, ricco di informazioni utili per chi sta promuovendo un percorso di autoricerca e autosviluppo, si rende ora disponibile a un più vasto pubblico di lettori. Ricordiamo infatti che *AutoRicerca* è una rivista ad *accesso aperto*, i cui numeri in formato elettronico (pdf) sono scaricabili gratuitamente, direttamente dal sito della rivista (*www.autoricerca.ch*).

Ricordiamo anche che nel Numero 7 (Anno 2014) l'autore ci aveva già invitato a un interessante dialogo socratico, tra un "insegnante" e uno "studente", sui temi della scienza, realtà e coscienza. Quello della *realtà* resta un tema centrale anche nel presente incontro, che mette in scena una conversazione immaginaria tra la "parte mentore" dell'autore e la sua "parte pupillo", alfine di esplorare alcune domande fondamentali, come ad esempio:

> *Che cos'è la realtà?*
> *Di che cosa è fatta?*
> *Qual è il nostro rapporto con la realtà?*
> *Come fare per migliorarlo?*
> *Che cos'è la sofferenza?*

A che cosa serve?
Perché ci sentiamo spesso impotenti?
Lo siamo veramente?
Che cos'è la scienza?
Perché anche gli scienziati soffrono?
Che cos'è l'essere?
Cosa lo distingue dalla coscienza?
Qual è il nostro prossimo traguardo evolutivo?
Come fare per raggiungerlo?

... e molte altre ancora.

Con piacere, posso già anticipare che mentore e pupillo s'incontreranno nuovamente nelle pagine di *AutoRicerca*, per continuare l'appassionante conversazione incominciata in questo volume.

Per il momento, come sempre, vi auguro una piacevole lettura e una riflessione ricca di nuove gestazioni coscienziali.

L'Editore

A PROPOSITO DELL'AUTORE

Massimiliano Sassoli de Bianchi ha compiuto studi nel campo della fisica teorica, conseguendo il titolo di docteur ès sciences (*PhD*) presso l'École Polytechnique Fédérale di Losanna, con una tesi sulle osservabili temporali in meccanica quantistica. Attualmente la sua ricerca verte sui fondamenti delle teorie fisiche, sulla meccanica quantistica, lo studio della coscienza e la cosiddetta 'quantum cognition'. S'interessa di ricerca interiore (autoricerca), promuovendo una visione multiesistenziale e multidimensionale dell'evoluzione umana. Ha scritto saggi, testi di divulgazione scientifica, racconti per ragazzi, e ha pubblicato numerosi articoli specialistici in riviste di livello internazionale. È membro a vita dell'American Physical Society e dell'American Association of Physics Teachers, oltre che membro della Society for Scientific Exploration e dell'International Academy of Consciousness. Attualmente dirige il *Laboratorio di Autoricerca di Base* (LAB), in Svizzera, ed è l'editore della rivista *AutoRicerca*. Per maggiori informazioni, si rimanda al sito personale dell'autore: *www.massimilianosassolidebianchi.ch*.

autoricerca.com

TRA MENTORE E PUPILLO
DIALOGO SULLA REALTÀ

Massimiliano Sassoli de Bianchi

1. NEGAZIONE

Quando la coscienza agisce negando la realtà, la realtà reagisce negando la coscienza, secondo il noto principio di azione-reazione.

PUPILLO. Sono felice che ci siamo finalmente incontrati per discutere dei temi che ci stanno più a cuore.

MENTORE. È un'opportunità davvero preziosa. Vediamo dunque di non sprecarla in inutili convenevoli e andare dritti al punto.

PUPILLO. Bene, allora te lo chiederò senza troppi giri di parole: qual è secondo te il problema fondamentale di noi umani?

MENTORE. Vuoi una risposta breve?

PUPILLO. Certo, e magari anche sintetica.

MENTORE. Il problema fondamentale di noi Homo sapiens sapiens è la *falsa identificazione*.

PUPILLO. Il che significa?

MENTORE. Che abbiamo l'incresciosa tendenza di immedesimarci con tutto ciò che *non* siamo.

PUPILLO. Perché sarebbe un problema?

MENTORE. Perché la falsa identificazione produce *negazione della realtà*. E i conflitti, sia interiori che esteriori, sono sempre la conseguenza di un processo di negazione della realtà. Inoltre, come sai, i conflitti sono la ragione stessa delle nostre sofferenze, siano esse fisiche, emotive, oppure mentali.

PUPILLO. Sei stato decisamente sintetico, forse un po' troppo per i miei gusti. Non sono sicuro di avere capito.

MENTORE. Cosa non avresti capito?

PUPILLO. Ad essere sincero… tutto!

MENTORE. In particolare, che cosa non avresti capito di quel tutto?

PUPILLO. Ad esempio ciò che intendi con "falsa identificazione".

MENTORE. Possiedi un'automobile?

PUPILLO. Sì, una bella auto sportiva che ho appena acquistato.

MENTORE. Immagina che proprio sotto i tuoi occhi un individuo si avvicini al tuo bolide nuovo fiammante graffiandone tutta la fiancata. Lo stai immaginando?

PUPILLO. … sì!

MENTORE. Cosa provi?

PUPILLO. Provo dolore. È come se stesse graffiando me. Sento anche salire una gran rabbia e il desiderio di strangolare quel balordo!

MENTORE. Ecco, hai appena sperimentato la *falsa identificazione*!

PUPILLO. Spiegati meglio.

MENTORE. Sei un essere umano, giusto?

PUPILLO. Senza dubbio.

MENTORE. Non sei un'auto sportiva.

PUPILLO. Mi sembra evidente.

MENTORE. Per quale ragione allora, quando un losco individuo graffia la carrozzeria della tua auto, tu soffri come se si trattasse della tua stessa pelle?

PUPILLO. Non vorrai farmi credere che mi sono identificato con la mia automobile?

MENTORE. In un certo senso sì. E dato che non sei un'auto, ma un essere umano, si tratta di falsa identificazione.

PUPILLO. Hm... dubito che la tua conclusione sia corretta. So benissimo di non essere un'automobile: io possiedo un'automobile, il che è diverso.

MENTORE. Perché allora soffri?

PUPILLO. Soffro perché qualcuno sta danneggiando qualcosa di mio, qualcosa a cui tengo. Cosa ci sarebbe di sbagliato in questo?

MENTORE. Nulla. Se però reputi che sia più desiderabile vivere senza soffrire anziché soffrendo, potresti interrogarti sul perché questo avvenga.

PUPILLO. Intendi dire per quale ragione soffro quando qualcuno danneggia la mia auto?

MENTORE. Ad esempio.

PUPILLO. E la tua risposta, se ho capito bene, sarebbe che soffro perché sono in preda a una forte confusione, dal momento che credo di essere un'automobile?

MENTORE. In un certo senso sì.

PUPILLO. Eppure io so bene di non essere un'automobile. E so che tu sai che io so di non essere un'automobile!

MENTORE. Ecco perché prima ho detto "in un certo senso". Indubbiamente, sei perfettamente in grado di fare la differenza tra te e la tua autovettura.

PUPILLO. Allora concordi: non mi sono identificato con la mia auto.

MENTORE. Non in senso stretto. Però coltivi dei pensieri sulla tua auto.

PUPILLO. Certo, è normale.

MENTORE. Pensieri che consideri veri.

PUPILLO. Ovviamente.

MENTORE. Pensieri ai quali credi.

PUPILLO. Senza dubbio.

MENTORE. Naturalmente, quelli relativi alla tua auto sono solo una piccola parte dei pensieri che ritieni veri e in cui credi. Ma dimmi: questi pensieri sono o non sono parte di te?

PUPILLO. Essendo pensieri miei, in cui credo, immagino siano parte di me.

MENTORE. Possiamo allora affermare che tu sei quello in cui credi?

PUPILLO. Hm… non ho mai riflettuto alla cosa in questi termini.

MENTORE. Fallo ora.

PUPILLO. Be', non posso certo affermare di essere esclusivamente ciò in cui credo, ma ciò in cui credo è indubbiamente una parte di ciò che sono.

MENTORE. In altre parole, la tua identità, o almeno parte di essa, risiede in ciò in cui credi, nei tuoi *sistemi di credenza*.

PUPILLO. Penso sia corretto affermarlo, ma dove vuoi arrivare?

MENTORE. Sono già arrivato. Hai affermato di coltivare delle credenze a proposito della tua auto: potresti farmi un esempio?

PUPILLO. "La mia auto è nuova e raggiunge la velocità di 250 chilometri all'ora." Ecco, questo è un pensiero che ritengo vero, in cui credo.

MENTORE. Dunque, poiché le tue credenze sono parte della tua identità, e la tua automobile è parte delle tue credenze, non è forse lecito dedurre che sei parzialmente identificato con la tua automobile?

PUPILLO. Puoi ripetere per favore?

MENTORE. I tuoi sistemi di credenza, che definiscono in parte la tua identità di essere umano, hanno numerosi contenuti. Tra questi vi sono quelli relativi alla tua automobile. Perciò, è lecito affermare che per mezzo delle tue credenze ti sei parzialmente identificato con essa.

PUPILLO. Sono d'accordo, ma non vedo per quale ragione ciò costituirebbe un problema.

MENTORE. Ora te lo spiego. Supponiamo che tra le tue credenze sulla tua automobile vi sia anche quella che afferma che nessuno dovrebbe permettersi di graffiarla.

PUPILLO. Non hai bisogno di supporlo, ci credo fermamente: nessuno dovrebbe permettersi di graffiare la mia automobile, per nessuna ragione! Le persone dovrebbero sempre rispettare la proprietà altrui!

MENTORE. Si tratta indubbiamente di qualcosa in cui credi. E poiché ci credi, è parte della tua identità.

PUPILLO. Una piccolissima parte però.

MENTORE. Sì, una piccolissima parte con la quale necessariamente ti identifichi.

PUPILLO. Non vedo cosa ci sia di male nell'identificarsi con i propri pensieri, quelli in cui si crede: ha tutta l'aria di essere un processo naturale.

MENTORE. Può darsi, ma tale processo diventa alquanto problematico quando i pensieri con i quali ti identifichi sono *falsi*. Poiché in tal caso si tratta di falsa identificazione. O meglio, si tratta di un'identificazione doppiamente falsa. È falsa a un primo livello, in quanto i pensieri con i quali ti identifichi sono falsi. Ed è falsa a un secondo livello, in quanto la tua identità non è riducibile al mero contenuto dei tuoi pensieri.

PUPILLO. Non capisco: cosa ci sarebbe di così sbagliato nel pensiero che nessuno dovrebbe graffiare la mia auto?

MENTORE. Il tuo pensiero è soltanto un pensiero e in quanto tale non può essere sbagliato. L'errore, se di errore si può parlare, sta nel ritenere che il contenuto di questo pensiero esprima una verità, quando invece, indubbiamente, esprime una falsità. Infatti, *nega la realtà*!

PUPILLO. Quale realtà?

MENTORE. La tua realtà personale, tutto ciò che esiste per te, nel senso di tutto ciò che è disponibile alla tua esperienza. Immagina ancora una volta quell'individuo che graffia la tua preziosa automobile. Il suo potrebbe essere un semplice atto di vandalismo inconsapevole. Ritieni che un tale evento sia possibile o impossibile?

PUPILLO. Decisamente possibile. Ad essere sincero mi è già capitato!

MENTORE. Mi stai dicendo che il tuo bolide nuovo fiammante è già stato graffiato da qualcuno?

PUPILLO. Sì, proprio ieri mi sono accorto di un graffietto che sono certo di non avere fatto io. Penso sia successo in un parcheggio.

MENTORE. E cosa provi quando pensi a quel graffietto?

PUPILLO. Mi sale una gran rabbia.

MENTORE. Guardando più in profondità, cosa c'è dietro a quella rabbia?

PUPILLO. Dolore, credo: il dolore che mi ha procurato quel graffio.

MENTORE. Un po' come se fosse stato fatto sulla tua stessa carne?

PUPILLO. Qualcosa del genere.

MENTORE. La rabbia è una reazione al dolore. Una reazione di natura aggressiva nei confronti di chi o cosa, dal nostro punto di vista, si è reso responsabile delle nostre pene.

PUPILLO. Capisco, qualcuno mi ferisce e io reagisco cercando di ferirlo a mia volta.

MENTORE. In questo modo però si alimenta un circolo vizioso, che può essere rotto solo nell'istante in cui le "vittime" realizzano che non c'è nessuno in grado di aggredirle, se non loro stesse.

PUPILLO. Mi sembra un'affermazione un po' drastica.

MENTORE. Lo è. Si tratta di un cambiamento radicale di prospettiva: dal pieno vittimismo alla piena responsabilità per la propria vita. Ma non divaghiamo. Stavamo analizzando le tue credenze sulla tua automobile, e in particolare quella che sostiene che nessuno dovrebbe permettersi di graffiarla. Questa tua credenza è vera oppure falsa?

PUPILLO. Vera: nessuno dovrebbe farlo!

MENTORE. Però qualcuno lo fa! Sei stato tu a confermarmi che un tale evento è possibile.

PUPILLO. Mi stai forse dicendo che il fatto che qualcuno possa graffiare la mia automobile significa che il mio pensiero non può essere corretto?

MENTORE. Mi sembra evidente. Il fatto che vi siano persone che possono graffiare la tua auto dimostra esattamente questo: che non è vero che non lo devono fare.

PUPILLO. Per quale ragione?

MENTORE. Per la semplice ragione che possono farlo, e ogni tanto lo fanno, come tu stesso mi hai confermato. E se lo fanno allora non può essere vero che non lo devono fare.

PUPILLO. È un gioco di parole?

MENTORE. Non lo è. La possibilità che qualcuno graffi la tua auto è un aspetto della tua realtà che *falsifica*[1] de facto la *teoria* in cui credi.

PUPILLO. Sarà, ma continuo a pensare che nessuno dovrebbe graffiare la mia auto.

MENTORE. Lo so. Questa tua convinzione è la vera causa della tua sofferenza, non l'individuo che ha graffiato la tua automobile. In altre parole, sei il solo responsabile della tua pena.

PUPILLO. Ora non ti seguo più.

MENTORE. Andiamo per gradi. La tua teoria si fonda sul principio che nessuno dovrebbe graffiare la tua auto. La realtà

---

[1] Il termine "falsificare" viene qui usato nella sua accezione filosofica, ossia nel senso di "dimostrare la falsità" di qualcosa, e non di "contraffare" qualcosa, cioè di imitarla in senso doloso.

sostiene invece che ci sono individui che graffiano le automobili altrui, violando il principio su cui si fonda la tua teoria. Mi segui?

PUPILLO. Fin qui ci sono, o almeno credo. L'esistenza stessa di individui irrispettosi della proprietà altrui implica che la mia teoria non può essere corretta.

MENTORE. Sì, poiché a questi individui non si applica il tuo principio di non dover graffiare la tua auto. A loro si applica un altro principio, contrapposto al tuo: ogni tanto lo devono fare, dacché di fatto lo fanno!

PUPILLO. In altre parole, la mia teoria sarebbe falsa e io farei meglio a disfarmene, o comunque a correggerla.

MENTORE. Esattamente. D'altra parte, è proprio così che funziona la ricerca scientifica: le teorie vengono costantemente messe alla prova per mezzo di esperimenti di natura critica, in grado di confermarle oppure di falsificarle.

PUPILLO. Nel caso della mia teoria, l'esperimento critico quale sarebbe?

MENTORE. Semplicemente l'osservazione che esistono individui che si dilettano a graffiare le carrozzerie altrui. Ma siccome la tua teoria non contempla l'esistenza di tali individui, manifestamente *nega la realtà dei fatti*.

PUPILLO. Ho capito: la realtà non si comporta in questo modo, si tratta unicamente di un mio desiderio, che si fonda su un'errata convinzione.

MENTORE. Una convinzione che non tiene conto dei dati empirici a tua disposizione, delle tue osservazioni.

PUPILLO. Avrei quindi peccato di negligenza, non avendo corretto la mia teoria alla luce dei dati in mio possesso?

MENTORE. Sì, e per questo hai sofferto quando ti hanno graffiato l'automobile. Dunque, in ultima analisi, si tratta di *sofferenza autoinflitta*.

PUPILLO. Mi manca un passaggio. Comprendo di avere

commesso un errore nel non aver corretto la mia teoria quando avevo gli elementi per farlo. Però sono sempre convinto che il responsabile della mia sofferenza non sia io, bensì l'individuo che ha commesso l'atto di vandalismo.

MENTORE. Ancora una volta si tratta di un'errata convinzione.

PUPILLO. Puoi spiegarmi?

MENTORE. Sei d'accordo che le tue convinzioni sono solo e unicamente una tua responsabilità, nel senso che sei solo tu a scegliere in quali teorie credere?

PUPILLO. Concordo, nessuno mi obbliga a credere a nulla.

MENTORE. Sei dunque un uomo libero, almeno interiormente.

PUPILLO. Indubbiamente.

MENTORE. Un uomo che sceglie liberamente di credere che nessuno dovrebbe graffiare la sua automobile, giusto?

PUPILLO. Sì, anche se ora ho capito che questa credenza andrebbe corretta.

MENTORE. Questo perché grazie alla nostra conversazione ti sei reso conto che nega la realtà. Ma ora chiediti: cos'ha causato il tuo dolore, allorché visualizzavi quell'individuo graffiare la tua automobile?

PUPILLO. Non cosa, ma chi! Secondo me è stato proprio quell'individuo a procurarmi il dolore.

MENTORE. È sorprendente non trovi, quell'individuo era forse un mago?

PUPILLO. Che intendi dire?

MENTORE. Deve avere degli enormi poteri: senza nemmeno sfiorarti è stato in grado di provocarti un'intensa sensazione di dolore. Come ci è riuscito?

PUPILLO. A dire il vero non lo so.

MENTORE. Sai come funziona il meccanismo del dolore fisico?

PUPILLO. Vagamente, puoi ricordarmelo?

MENTORE. Il nostro corpo è provvisto di ricettori specifici, detti *nocicettori*. Quando subiamo un'aggressione, di qualunque natura essa sia, i nocicettori si attivano inviando al nostro cervello una sensazione spiacevole di dolore. L'attivazione dei nocicettori e la conseguente sensazione di dolore è una reazione utile, di natura difensiva: il dolore ci informa che è in atto un'aggressione e che dobbiamo correre ai ripari se vogliamo evitare che il nostro corpo subisca dei danni strutturali troppo ingenti, che ne pregiudicherebbero la funzionalità.

PUPILLO. Questo cosa c'entra con la nostra discussione?

MENTORE. Ora che sai dell'esistenza dei nocicettori che determinano le nostre sensazioni di dolore, posso farti la seguente domanda: com'è riuscito quell'individuo ad attivare i tuoi nocicettori, non essendo nemmeno entrato in contatto con il tuo corpo?

PUPILLO. Un bel mistero!

MENTORE. Nessun mistero: lui non po' avere attivato i tuoi nocicettori, dato che non ha aggredito te, bensì la tua autovettura. Tra l'altro, vorrei ricordarti che hai sperimentato la sensazione di dolore anche solo immaginando la scena.

PUPILLO. Mi arrendo: se quell'individuo, reale o immaginario che sia, non mi ha toccato, allora per forza di cose non può essere lui il responsabile dell'attivazione dei miei nocicettori.

MENTORE. Chi altro rimane?

PUPILLO. Secondo te sarei stato io che, molto masochisticamente, mi sarei inferto quel dolore?

MENTORE. In un certo senso sì.

PUPILLO. Non capisco: se c'è dolore allora c'è aggressione. E se c'è aggressione per forza di cose devono esserci sia una vittima che un aggressore, vale a dire almeno due entità. Io però sono un'entità sola, e se escludo che quell'individuo sia in alcun modo responsabile delle mie sensazioni, rimango solo io a dover personificare simultaneamente entrambi i ruoli, sia quello di vittima che quello di aggressore. Com'è possibile?

MENTORE. Ci sono due livelli possibili di analisi. Al primo livello tu hai perfettamente ragione: necessariamente devono essere presenti due entità, una che aggredisce e una che subisce l'aggressione. Ma al secondo livello di analisi si scopre che l'entità aggredita è essa stessa responsabile della propria aggressione.

PUPILLO. Per quale ragione?

MENTORE. Perché sceglie di farsi aggredire quando potrebbe evitarlo. In altre parole, è lei stessa la mandante della propria aggressione.

PUPILLO. Al primo livello di analisi posso però sostenere che è stato quell'individuo ad aggredirmi, giusto?

MENTORE. Pensavo ti fosse chiaro ormai che non può averti aggredito in alcun modo, non avendoti nemmeno sfiorato. La sola entità che ha aggredito è la tua auto, graffiandola.

PUPILLO. Allora spiegami, al primo livello di analisi chi sarebbe il famigerato aggressore?

MENTORE. La realtà.

PUPILLO. La realtà mi avrebbe aggredito?

MENTORE. In un certo senso sì. Sia ben chiaro, non ce l'ha con te a livello personale.

PUPILLO. Perché allora lo ha fatto?

MENTORE. Perché tu l'hai provocata.

PUPILLO. Mi stai prendendo in giro?

MENTORE. Mai stato più serio. La realtà crede fermamente nella *terza legge di Newton*. Te la ricordi?

PUPILLO. Se la memoria non m'inganna, la terza legge di Newton afferma che se un'entità A agisce su un'altra entità B, allora A subisce a sua volta un'azione uguale e contraria da parte di B. Qualcosa del tipo: se io spingo te tu reagisci spingendo me!

MENTORE. Esatto, e infatti la terza legge di Newton è detta

anche *legge di azione e reazione*.

PUPILLO. Se ho capito bene, la realtà mi avrebbe aggredito per reazione a una mia azione. Ma cosa avrei fatto di così terribile?

MENTORE. Hai tentato di negarla, affermando che dovrebbe essere diversa da ciò che è. Ma la realtà non può essere diversa da ciò che è. Per questo non possiamo negarla, sebbene a volte tentiamo di farlo.

PUPILLO. Ancora non capisco: quando esattamente avrei tentato di negare la realtà?

MENTORE. Lo hai fatto nel momento in cui hai creduto alla tua *falsa teoria* in cui gli esseri umani non dovrebbero graffiare le automobili altrui. La realtà, come tu stesso hai ammesso, non concorda con questa tua teoria, che costituisce un tentativo bell'e buono di negarla.

PUPILLO. Ho l'impressione che la realtà sia troppo suscettibile: la mia era solo una teoria!

MENTORE. La realtà non è suscettibile: la realtà semplicemente è, e non può fare altro che essere ciò che è! Se lanci un piatto di porcellana contro un muro di cemento il piatto si disintegrerà, a causa della forza di reazione esercitata dal muro. Diresti per questo che il muro è troppo suscettibile?

PUPILLO. Ho afferrato il concetto: attraverso la mia teoria ho tentato di negare la realtà, e a causa della terza legge di Newton la realtà ha reagito.

MENTORE. Ha reagito negando a sua volta la tua teoria, ossia falsificandola.

PUPILLO. Perché l'effetto di questa sua reazione è così doloroso?

MENTORE. Perché la tua teoria è parte di te. Tu sei ciò in cui credi, ricordi?

PUPILLO. Dunque la realtà reagirebbe negando ciò che sono?

MENTORE. Non tutto ciò che sei, solo quella parte di te che tenta di negare la realtà.

PUPILLO. Come un piatto di porcellana che tenta di negare la solidità di un muro di cemento?

MENTORE. Esattamente. Ma il piatto non può sperare di farcela: la porcellana non può penetrare il cemento!

PUPILLO. Però affinché vi sia dolore è necessario un contatto con l'aggressore.

MENTORE. Tu e la realtà, infatti, siete sempre in contatto intimo. Se così non fosse non ne faresti parte.

PUPILLO. Se ho capito bene, quando adotto una falsa teoria della realtà, ad esempio affermando che nessuno dovrebbe graffiare la mia auto, sono come un piatto di porcellana che si crede più duro di un muro di cemento. Così, quando la realtà si scontra con la mia teoria, ne produce lo sbriciolamento, con la conseguente attivazione dei miei nocicettori. Come se il mio corpo fosse letteralmente costituito da tutte le mie teorie della realtà.

MENTORE. Non "come se": è proprio così.

PUPILLO. Ma la mia era solo una metafora!

MENTORE. È molto più di una metafora: hai mai sentito parlare dell'interazione *mente-corpo*?

PUPILLO. Credo di sì: la mia mente percepisce la realtà per mezzo del mio corpo. Ad esempio, quando il mio corpo viene aggredito chi percepisce il dolore, in ultima analisi, è la mia mente.

MENTORE. Le cose vanno anche nell'altro senso: quando la tua mente viene aggredita, il tuo corpo si ferisce. I pensieri, soprattutto quelli in cui credi, sono entità energetiche in grado di interagire con il tuo corpo. Quando provochi la realtà per mezzo di un pensiero che tenta di negarla, la realtà reagisce "aggredendo" quel pensiero, dunque la tua mente. E a causa dell'interazione mente-corpo (mediata in parte dal cervello) la cosa si ripercuote sul piano fisico.

PUPILLO. Ecco perché dicono che pensare in modo negativo non sia cosa tanto salutare.

MENTORE. I pensieri negativi sono spesso falsi, e prima o poi subiscono la reazione avversa della realtà.

PUPILLO. Se ho capito bene, è come se il nostro corpo non potesse fare la differenza tra realtà fisica e realtà immaginata dalla nostra mente.

MENTORE. Se immagini di mordere un limone, cosa accade alle tue ghiandole salivari?

PUPILLO. Si attivano come se stessi mordendo un limone vero!

MENTORE. Proprio così.

PUPILLO. Ma se tra mente e corpo c'è una connessione così intima, non sarebbe più corretto affermare che sono una cosa sola?

MENTORE. È quello che ho appena affermato: il nostro corpo e la nostra mente sono aspetti inseparabili di un'unica realtà.

PUPILLO. E questo strano "corpomente" tu come lo chiameresti?

MENTORE. Semplicemente, *mente*, o come hai suggerito tu, *corpomente*.

PUPILLO. In altre parole, mi stai dicendo che noi esseri umani saremmo entità essenzialmente di natura mentale.

MENTORE. Non solo noi esseri umani: ogni essere vivente.

PUPILLO. Anche un microbo?

MENTORE. Anche lui.

PUPILLO. Ma per possedere una mente non bisogna avere un cervello?

MENTORE. Non necessariamente. La mente, intesa come sede della *cognizione*, vale a dire del *processo della conoscenza*, può essere assimilata al processo stesso della vita e della sua evoluzione. In tal senso, la mente non dipende dall'esistenza di un cervello, essendo la percezione sufficiente a conferire anche a un semplice microbo la capacità della cognizione, sebbene a un livello molto elementare. Secondo questo punto di vista, noi esseri umani, e più generalmente tutti gli esseri viventi, siamo entità puramente cognitive, mentali, la cui struttura corporea non è altro che il supporto per mezzo del quale rendiamo manifesto e tangibile il contenuto delle nostre teorie della realtà.

PUPILLO. Più che organismi viventi saremmo allora delle strane *teorie viventi della realtà*!

MENTORE. In un ceto senso sì. Non dimenticarti però del secondo livello di analisi.

PUPILLO. Che intendi dire?

MENTORE. Al primo livello abbiamo osservato che la realtà aggredisce, se così si può dire, le nostre false teorie della realtà, un processo che in scienza è detto di *falsificazione*. Al primo livello di analisi ci sono dunque due entità: la realtà che ti aggredisce e tu che vieni aggredito. Questa descrizione è però solo parzialmente corretta, poiché a un'analisi più attenta scopriamo che la scelta delle teorie con le quali ci identifichiamo è una nostra responsabilità. Se scegliamo di identificarci con delle false teorie non possiamo poi ritenere la realtà responsabile della sua reazione, apparentemente aggressiva, proprio come non possiamo ritenere un muro responsabile del nostro ematoma se ci andiamo a sbattere contro. Quindi, al secondo livello di analisi, scopriamo che vittima e aggressore sono la medesima entità. Per di più, se è vero che abbiamo totale libertà di scelta su quali teorie adottare, ciò significa che non siamo riducibili alla mera somma delle nostre teorie, ma che siamo molto di più. Assimileresti uno scultore alle sue statue?

PUPILLO. Certo che no, uno scultore è l'autore delle sue statue.

MENTORE. E noi, non siamo forse gli autori delle nostre teorie, e più generalmente dei nostri processi di pensiero?

PUPILLO. Be' sì, ovviamente.

MENTORE. Concorderai allora che non è totalmente esatto affermare che siamo delle teorie viventi della realtà, poiché di fatto siamo molto di più: siamo gli artefici delle nostre teorie, ne siamo i costruttori. Fa una bella differenza, non credi?

PUPILLO. Non siamo statue bensì scultori!

MENTORE. Sì, creatori di realtà interiori, nelle quali integriamo, e per mezzo delle quali esprimiamo, la nostra conoscenza della realtà.

PUPILLO. Dunque nemmeno possiamo dire di essere riducibili a delle mere entità mentali?

MENTORE. Possediamo una mente, o un corpomente se preferisci, ma non siamo una mente.

PUPILLO. Cosa siamo allora?

MENTORE. Qualcosa di più.

PUPILLO. E quel qualcosa ha per caso un nome?

MENTORE. Possiamo chiamare quel qualcosa *coscienza*. Il termine coscienza deriva dal latino *cosciente*, che è la composizione di *con* (avere, possedere) e *scire* (conoscenza). Secondo l'etimologia della parola, una coscienza è dunque un *essere* (nel senso di un soggetto) dotato di *conoscenza*.

PUPILLO. Conoscenza di che cosa?

MENTORE. Della realtà, sia interiore che esteriore. Una conoscenza in continua evoluzione, resa manifesta tramite la costruzione di teorie della realtà. Teorie che la coscienza elabora sulla base della propria esperienza, e in seguito integra nella struttura intima del proprio corpomente.

PUPILLO. Il nostro corpo, o corpomente, o mente, a seconda di come vogliamo chiamarlo, sarebbe dunque una sorta di memoria ambulante, dinamica, nella quale noi coscienze integriamo sotto forma di teorie la nostra esperienza del reale.

MENTORE. Proprio così. E nella misura in cui ampliamo, approfondiamo e affiniamo la nostra esperienza-conoscenza della realtà, instancabilmente riscriviamo la nostra memoria, rimpiazzando le teorie obsolete con teorie più avanzate. Un processo detto di *evoluzione*, o più precisamente di *evoluzione della coscienza*.

SINTESI DEL CAPITOLO

La falsa identificazione produce negazione della realtà, che a sua volta genera conflitti, dolore e sofferenza.

La coscienza si manifesta nella realtà per mezzo di un corpomente, sede delle proprie teorie della realtà (credenze).

Quando la coscienza agisce sulla base di teorie che negano la realtà, la realtà reagisce secondo il principio di azione-reazione, negando a sua volta quelle teorie.

La realtà non può essere negata, poiché è esattamente ciò che è, e non può essere null'altro che ciò che è.

Quando una falsa teoria della realtà si scontra con la realtà, è sempre la falsa teoria a soccombere, mai la realtà.

Lo scontro tra una falsa teoria e la realtà è un processo di falsificazione che genera nella coscienza le ben note sensazioni di dolore e sofferenza.

La coscienza è un essere dotato di conoscenza che si evolve in un processo di continuo ampliamento, approfondimento e affinamento delle proprie teorie della realtà.

2. DOVERE

Se permettiamo al "dovere" di dominare la nostra vita perdiamo di vista le altre possibilità.

PUPILLO. Secondo te quale sarebbe il modo migliore di promuovere l'evoluzione delle nostre teorie della realtà?

MENTORE. Ci sono essenzialmente due metodi. Il primo consiste nel lasciar fare alla realtà, il secondo nel giocare di anticipo.

PUPILLO. Quale dei due sarebbe il migliore?

MENTORE. È una questione di gusti. Il primo richiede molto tempo ed è assai penoso, il secondo invece è più rapido e pressoché indolore.

PUPILLO. Non mi sembra una questione di gusti: il secondo è decisamente preferibile al primo.

MENTORE. Gran parte dell'umanità non sembra condividere la tua opinione.

PUPILLO. Forse perché non è a conoscenza del secondo metodo, della possibilità di anticipare le mosse della realtà.

MENTORE. O forse perché la maggior parte di donne e uomini di questo pianeta non si sono ancora stancati di giocare alle "vittime della realtà". Ad ogni modo, la pratica del primo metodo conduce inevitabilmente alla scoperta del secondo: è solo una questione di tempo.

PUPILLO. Mi sembra un'osservazione un po' cinica: l'umanità soffre!

MENTORE. Capisco, ma è una sua scelta.

PUPILLO. Gli esseri umani non dovrebbero soffrire per evolversi.

MENTORE. Dimmi: ti fa soffrire questo pensiero?

PUPILLO. Sì, quando penso a tutta la sofferenza che c'è nel mondo, soffro.

MENTORE. Così alla sofferenza del mondo si aggiunge la tua, e la sofferenza cresce.

PUPILLO. Continuo a credere che tu sia un po' cinico, e poco compassionevole.

MENTORE. Il tuo è un giudizio affrettato. Non sto affermando che la sofferenza altrui mi sia indifferente. Ma essere sensibile alla sofferenza del mio prossimo non significa dover soffrire a mia volta.

PUPILLO. Se ne avessi il potere non faresti in modo che i tuoi fratelli umani non soffrano più?

MENTORE. No, non lo farei.

PUPILLO. Per quale ragione?

MENTORE. Perché li rispetto troppo per privarli di ciò che hanno di più prezioso: la libertà. Un benessere obbligatorio non potrà mai essere un vero benessere.

PUPILLO. Non ho detto che li devi obbligare.

MENTORE. Quale altro modo ci sarebbe, dato che la sofferenza è una loro scelta?

PUPILLO. Dunque secondo te è giusto che l'uomo soffra?

MENTORE. Tu che ne pensi?

PUPILLO. Penso che non dovrebbe soffrire.

MENTORE. Questa è una teoria nella quale evidentemente credi.

PUPILLO. Certamente e... un momento!

MENTORE. Che succede?

PUPILLO. Ho appena realizzato che i miei pensieri stanno nuovamente negando la realtà!

MENTORE. Davvero un ottimo riflesso, complimenti! Buona parte dell'umanità sta scegliendo di crescere per mezzo della sofferenza. Pertanto, non può essere vero che non dovrebbe soffrire, poiché di fatto sta proprio scegliendo di farlo.

PUPILLO. E siccome stavo nuovamente negando la realtà per mezzo di una falsa teoria, questo spiegherebbe perché soffrivo nel pensare che l'umanità non dovrebbe soffrire.

MENTORE. La realtà, come sempre, onora la tua scelta di negarla, replicando con una doppia negazione.

PUPILLO. Perché doppia?

MENTORE. Tu neghi la realtà e la realtà nega la tua negazione. Si tratta quindi di una doppia negazione. Ma c'è una differenza tra le due negazioni: tu tenti di negare la realtà senza riuscirci, mentre la realtà è perfettamente in grado di negare la tua falsa teoria. Ecco perché sei tu a soffrire e non la realtà.

PUPILLO. Perché questa differenza tra me e la realtà?

MENTORE. Perché a quanto pare tu hai ancora bisogno della sofferenza per riconoscere ciò che è, mentre la realtà lo sa già fare, se così si può dire.

PUPILLO. Dunque secondo te non dovrei soffrire per le sofferenze dell'umanità?

MENTORE. Se coltivassi una tale credenza indubbiamente ne soffrirei.

PUPILLO. Hm... credo che *dovrei* eliminare i "devo" dal mio vocabolario.

MENTORE. Di certo non *dovresti* farlo, ma sicuramente *potresti* farlo.

PUPILLO. Ho capito: *dovrei* rimpiazzare i "devo" con dei "posso".

MENTORE. Allora fallo, ti prego!

PUPILLO. Come? Ah sì, come ho fatto a non accorgermene! Volevo dire che: *potrei* rimpiazzare i "devo" con dei "posso".

MENTORE. Così va meglio. Se lo facessi ti risparmieresti parecchia sofferenza. Prova con la tua teoria.

PUPILLO. Quella che afferma che "Nessuno *dovrebbe* graffiare la mia auto"?

MENTORE. Sì, prova a rimpiazzare il verbo "dovere" con il verbo "potere".

PUPILLO. "Nessuno *potrebbe* graffiare la mia auto". Ma così suona palesemente falsa!

MENTORE. Esatto, con il "potere" e senza il "dovere" è più difficile *autoingannarsi*.

PUPILLO. Vuoi dire che con una semplice sostituzione di verbi posso rendermi facilmente conto se le mie teorie sono o meno in conflitto con la realtà?

MENTORE. Se prendi una falsa teoria la cui formulazione contiene il verbo "dovere" e lo rimpiazzi con il verbo "potere", allora le possibilità sono due: la sua falsità diventerà ancora più evidente, o la sostituzione automaticamente la correggerà.

PUPILLO. E se invece la teoria è corretta?

MENTORE. In tal caso lo resterà anche dopo la sostituzione, sebbene potrebbe suonare un po' strana.

PUPILLO. Un ulteriore esempio mi farebbe comodo.

MENTORE. Enunciami una teoria in cui credi che contiene il verbo "dovere". Ad esempio su una persona che conosci bene.

PUPILLO. Va bene la mia compagna?

MENTORE. Benissimo.

PUPILLO. Fammi pensare... sì, ecco: ritengo che la mia compagna *dovrebbe* essere più comprensiva nei miei confronti!

MENTORE. Complimenti, un ottimo esempio di falsa teoria della realtà! Come ti senti quando credi a un siffatto pensiero?

PUPILLO. Ferito, e soprattutto arrabbiato.

MENTORE. Chi ti avrebbe ferito?

PUPILLO. La mia compagna ovviamente, con la sua mancanza di comprensione nei miei confronti.

MENTORE. Nei sei sicuro?

PUPILLO. E va bene, è solo un vecchio riflesso. In verità mi sono ferito da solo, andandomi a schiantare contro la realtà che tentavo di negare.

MENTORE. Esatto, ma se rimpiazzi il "dovrebbe" con un "potrebbe", potrai facilmente correggerla e trasformarla in una teoria perfettamente compatibile con la realtà.

PUPILLO. Fammi provare... la mia compagna *potrebbe* essere più comprensiva nei miei confronti...

MENTORE. Che te ne pare?

PUPILLO. Hm...

MENTORE. Che c'è?

PUPILLO. La nuova versione è indubbiamente più pertinente della precedente, però...

MENTORE. La precedente era falsa. Questa invece, fino a prova del contrario, descrive in modo adeguato parte della tua realtà.

PUPILLO. Sì, ma...

MENTORE. Sputa il rospo.

PUPILLO. Se la mia compagna potrebbe essere più comprensiva nei miei confronti, ma non lo è, cosa significa?

MENTORE. Dimmelo tu.

PUPILLO. Se può esserlo ma non lo è, allora non vuole esserlo.

MENTORE. Bingo!

PUPILLO. È terribile! Questo significa che...

MENTORE. Semplicemente che non conosci a fondo la tua compagna.

PUPILLO. Invece la conosco bene, siamo insieme da tanti anni.

MENTORE. Questo non è esatto: è da tanti anni che sei insieme alla tua teoria sulla tua compagna.

PUPILLO. Mi sarei relazionato con una teoria, falsa per di più, anziché con un essere umano?

MENTORE. In parte è così. Ora però hai la possibilità di rimuovere la tua falsa teoria, così come rimoveresti degli occhiali dalle lenti deformanti, e guardare forse per la prima volta il vero volto della tua compagna.

PUPILLO. E se quel volto poi non mi piace?

MENTORE. In tal caso potrai sempre rimetterti gli occhiali deformanti. Il prezzo da pagare già lo conosci.

PUPILLO. La sofferenza?

MENTORE. Esattamente. Ma se avrai il coraggio di toglierti quegli occhiali, potrai fare a meno della sofferenza e imparare a conoscere chi hai realmente di fronte. Potrebbe piacerti come non piacerti, ma in entrambi i casi, se ci pensi, hai tutto da guadagnare. Se vuoi davvero conoscere qualcosa o qualcuno il tuo sguardo deve essere neutro, nel senso di scevro da pregiudizi infondati. Devi osservare accettando tutto ciò che vedi. Solo così un vero incontro potrà accadere, nella totale accettazione dell'altro. Poiché *accettazione* significa *assenza di negazione*.

PUPILLO. Intendi dire assenza di teorie che negano l'altro?

MENTORE. Assenza di false teorie che negando l'altro generano un conflitto. E in assenza di conflitti non c'è spazio per la sofferenza, solo per l'armonia.

PUPILLO. Prima, mentre parlavi, ho ascoltato attentamente le tue parole. Mi sono accorto che hai pronunciato spesso il verbo "dovere", ad esempio quando hai detto: "Se vuoi davvero conoscere qualcuno il tuo sguardo *deve* essere scevro da pregiudizi". Ma se è vero che nel verbo "dovere" si cela un possibile inganno, una negazione della realtà, perché allora tu lo usi?

Mentore. Perché il verbo "dovere" non ha controindicazioni quando lo si usa per esprimere una *necessità strutturale*.

Pupillo. Una che?

Mentore. Una necessità strutturale, vale a dire un *bisogno*. Immagina una curva che congiunge due punti, A e B, passando per un punto intermedio C.

Pupillo. Come una strada che collega due località, passando per una località intermedia?

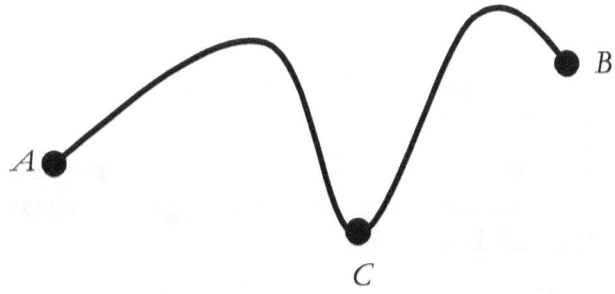

Mentore. Esattamente. Se vuoi andare da A a B, per forza di cose, cioè necessariamente, *devi* passare per C. In altri termini, se da A si vuole andare in B, *bisogna* passare per C.

Pupillo. Vuoi dire che non essendoci alternative, non essendoci altri percorsi possibili per andare da A a B, diventa un *dovere* farlo passando per C?

Mentore. Diventa un dovere farlo a condizione che tu da A voglia andare in B. Se invece non vuoi farlo, o ci sono altre strade, altre possibilità, allora non è corretto affermare che si *deve* passare per C, ma semplicemente che si *può* passare per C. In altre parole, quando usiamo il verbo "dovere" facciamo implicitamente riferimento a una legge, nel senso di un vincolo che non possiamo in alcun modo eludere.

Pupillo. Se ho capito bene, possiamo usare il verbo "dovere" quando c'è una sola possibilità.

MENTORE. Sì, e se c'è un'unica possibilità è perché esiste un *vincolo strutturale*, una *legge*, che ci costringe ad agire in un determinato modo. Prima di impiegare il verbo "dovere" è però consigliabile controllare che la validità della legge in questione sia stata confermata da un'indagine sufficientemente approfondita e critica. Inoltre, è importante non dimenticare che ogni legge possiede un suo specifico *dominio di applicabilità*: un insieme di condizioni che devono essere soddisfatte affinché la legge sia valida. Ad esempio, la legge che afferma che devi passare per C è valida solo a condizione che ti trovi in A e che vuoi recarti in B. Se invece non ti trovi in A, o ti trovi in A ma non vuoi recarti in B, allora tale legge non si applica più.

PUPILLO. Se non voglio andare in B, non devo necessariamente passare per C, mi sembra logico.

MENTORE. Allo stesso modo, se non desideri conoscere intimamente la tua compagna non sei obbligato a sbarazzarti dei tuoi falsi pregiudizi su di lei.

PUPILLO. Quindi posso usare il verbo "dovere" quando esiste un vincolo, cioè una legge, che riduce il campo delle mie possibilità, purché abbia cura di specificarne il campo di validità.

MENTORE. Esatto. La forma corretta è: *"Devo fare X se voglio ottenere Y"*. Condizioni di questo genere sono tuttavia molto rare, poiché nella vita le strade per andare da A a B sono quasi sempre più di una, e non tutte passano per C.

PUPILLO. Una buona profilassi consisterebbe allora nell'evitare il più possibile l'uso del verbo "dovere".

MENTORE. Sì, e usare il più possibile il verbo "potere". Anche perché quando una legge limita le nostre possibilità è sempre opportuno chiederci: quali sono le evidenze che ci consentono di decretarne l'inviolabilità?

PUPILLO. Capisco, potremmo non essere consapevoli che a dispetto delle apparenze esiste un'altra strada, ancora sconosciuta, che porta a B senza passare per C.

MENTORE. Ben detto. Quindi, fino a prova del contrario, l'effettività di un bisogno, di una necessità, di un vincolo, di una legge, di un dovere, non può essere che relativa e mai assoluta. Il rischio che corriamo quando lasciamo che il "dovere" domini la nostra vita è di non più scorgere le altre possibilità. E poiché *la realtà è fatta di possibilità*, quando diciamo "devo" altro non facciamo, in ultima analisi, che negare la realtà. Non è forse tipica l'espressione *"Non posso perché devo…"*?

PUPILLO. Chissà quante volte l'avrò pronunciata!

MENTORE. Fammi qualche esempio.

PUPILLO. Non posso accettare il tuo invito perché *devo* recarmi a un altro appuntamento. Non posso mangiare quel dolce perché *devo* dimagrire. Non posso concedermi un'avventura amorosa perché *devo* rispettare la mia compagna…

MENTORE. Invece la verità è che *puoi* accettare il mio invito ma non vuoi farlo, perché vuoi recarti a un altro appuntamento. *Puoi* mangiare quel dolce ma non vuoi farlo, perché hai scelto di dimagrire. E *puoi* concederti un'avventura amorosa ma non vuoi farlo, perché desideri non mancare di rispetto alla tua compagna. Puoi scegliere di fare tutte queste cose perché non ci sono leggi inviolabili che ti impediscono di farle. Naturalmente, se scegli di farle devi anche essere pronto ad accettarne le conseguenze, ma questa è un'altra storia.

PUPILLO. Per cui tutte queste frasi che solitamente pronuncio per giustificarmi negherebbero l'esistenza di altre possibilità?

MENTORE. Più esattamente, negano il tuo potere di agire altre possibilità.

PUPILLO. E finiscono anch'esse col generare sofferenza?

MENTORE. Sì, poiché agiscono come delle catene che alla lunga limitano la tua libertà, rendendoti impotente. E subire la pressione costante di pesanti catene, che io sappia, non è cosa particolarmente piacevole.

SINTESI DEL CAPITOLO

Quando il "dovere" domina la nostra vita perdiamo di vista le altre possibilità.

La tipica locuzione "Non posso perché devo…" è spesso sinonimo di negazione della realtà, e promuove alla lunga un profondo senso di impotenza.

Se in una falsa teoria rimpiazziamo il verbo "dovere" con il verbo "potere", i casi sono due: la falsità della teoria ci appare in tutta la sua evidenza o la sostituzione automaticamente la corregge.

Sostituendo il "potere" al "dovere" è più difficile autoingannarsi.

Il verbo "dovere" può essere impiegato per esprimere una necessità strutturale, ossia una legge che riduce il campo delle nostre possibilità.

È sempre consigliabile controllare scrupolosamente la validità di una legge, e specificarne il dominio di applicabilità per mezzo della congiunzione condizionale "se".

L'espressione corretta è: "Devo fare X se voglio ottenere Y". Condizioni di questo genere sono però assai rare, poiché nella realtà le possibilità per raggiungere un determinato obiettivo sono abitualmente più di una.

3. POSSIBILITÀ

La realtà è tutto ciò che avremmo potuto sperimentare nel presente se così avessimo scelto nel passato.

PUPILLO. Quando affermi che la realtà è fatta di possibilità, la tua è una metafora o lo intendi in senso letterale?

MENTORE. Lo intendo in senso letterale.

PUPILLO. Potresti spiegarti meglio?

MENTORE. Come definiresti la *tua realtà*?

PUPILLO. Intendi dire *tutto ciò che esiste per me?*

MENTORE. È un buon inizio. La tua realtà personale è costituita da tutto ciò che esiste per te. Ma più esattamente, cosa intendi con la parola "esistere"?

PUPILLO. Sono tentato di rispondere che qualcosa esiste se è reale.

MENTORE. In tal caso però faresti la fine di un serpente che si morde la coda. Vediamo di essere pragmatici: che cosa vedi sul tavolino?

PUPILLO. Una tazza di ottimo the all'aroma di bergamotto.

MENTORE. L'entità "tazza di the" esiste per te?

PUPILLO. Senza dubbio.

MENTORE. Perché?

PUPILLO. Perché la posso toccare.

MENTORE. E che cos'è "toccare una tazza di the"?

PUPILLO. Un'azione, un processo.

MENTORE. E come chiameresti più precisamente un'azione o un processo che vivi in modo consapevole?

PUPILLO. Un'*esperienza*?

MENTORE. Sì, questa è la parola che volevo farti pronunciare. Dunque, l'entità "tazza di the" *esiste per te*, essendo *disponibile alla tua esperienza.*

PUPILLO. Concordo.

MENTORE. Allora concorderai anche che "essere disponibili alla tua esperienza" costituisce un ottimo *test* per determinare se una qualsivoglia entità esiste o meno per te.

PUPILLO. Certamente.

MENTORE. Consideriamo la tua automobile. Dove si trova in questo momento?

PUPILLO. Nel mio garage di casa.

MENTORE. Sai dirmi se la tua automobile esiste per te, in questo momento?

PUPILLO. Che domanda, ovviamente.

MENTORE. Come puoi esserne così sicuro?

PUPILLO. Ho avuto un'esperienza con la mia automobile proprio qualche ora fa.

MENTORE. Allora qualche ora fa sapevi che esisteva, poiché era parte della tua esperienza. Ma dal momento che non puoi avere un'esperienza con la tua automobile *adesso*, come puoi pretendere che stia esistendo nel tuo presente?

PUPILLO. Non posso esserne certo. Quel vandalo che mi ha graffiato la carrozzeria potrebbe avermi seguito fino a casa, avere aspettato che uscissi e completato l'opera, dando fuoco alla mia automobile. Se così fosse, come mi auguro che non sia, la mia automobile non esisterebbe più in questo momento.

MENTORE. Questa è un'eventualità che non possiamo escludere. Ciò nondimeno, supponiamo per un istante che tu abbia un perfetto controllo del territorio della tua abitazione, tanto da poter escludere qualsiasi circostanza eccezionale che avrebbe comportato la distruzione della tua autovettura. In tal caso cosa mi puoi dire: esiste la tua automobile adesso? E insisto sulla parola "adesso".

PUPILLO. Se le cose stanno così, posso affermare con certezza che la mia automobile esiste in questo momento, sebbene in questo momento non sia in grado di avere con essa un'esperienza, dato che mi trovo qui con te e non a casa mia.

MENTORE. Come fai ad esserne così sicuro?

PUPILLO. Hm... la situazione mi ricorda un vecchio indovinello, o *koan*, che diceva: "Se un albero cade in una foresta quando nessuno è presente, fa o non fa rumore?". Allo stesso modo, tu mi stai chiedendo: "Se non posso percepire un oggetto, esiste o non esiste per me?".

MENTORE. Più precisamente: esiste o non esiste per te *nel tuo presente*? Una domanda alla quale hai risposto affermativamente, a condizione di escludere che circostanze eccezionali, di cui saresti all'oscuro, avrebbero distrutto l'oggetto in questione. Ma malgrado questa tua certezza, ancora non mi hai motivato la tua risposta.

PUPILLO. Ogni volta che lascio la mia auto da qualche parte, quando torno immancabilmente la ritrovo. Mi sembra quindi ragionevole dedurre che nel frattempo, anche quando ero lontano, non abbia cessato di esistere.

MENTORE. Un'ottima osservazione. Secondo la tua esperienza del reale, che è anche la mia, le entità come la tua automobile hanno una naturale tendenza a manifestare *continuità di esistenza*, a permanere cioè nel loro esistere senza soluzione di continuità, se non altro per un periodo di tempo corrispondente alla loro durata di vita.

PUPILLO. Sì, non scompaiono di colpo senza una precisa ragione.

MENTORE. Cerchiamo di sfruttare questa tua osservazione,

questo fatto innegabile, per dedurre qualcosa sulla natura della sostanza del reale.

PUPILLO. Ha tutta l'aria di un arduo problema metafisico.

MENTORE. Non se lo si affronta con gli strumenti giusti.

PUPILLO. Sono tutt'orecchi.

MENTORE. Innanzitutto, è importante osservare che l'*esistere* è una *proprietà*. Ci sono entità che esistono e entità che non esistono. Le entità che non esistono sono quelle che sono andate distrutte, o che ancora non sono state create. Per queste la proprietà di esistere è solo *potenziale*. Per tutte le altre invece, quelle che esistono *de facto*, la proprietà è *attuale*.

PUPILLO. Cosa intendi esattamente per "proprietà"?

MENTORE. Una proprietà è qualcosa che un'entità *possiede* indipendentemente dal contesto in cui si trova. Facciamo un esempio semplice: il tuo corpo fisico possiede la proprietà di "essere più alto di 1,5 metri", sei d'accordo?

PUPILLO. Indubbiamente.

MENTORE. E se non sbaglio, quando stasera tornerai a casa sarai sempre più alto di 1,5 metri.

PUPILLO. Non sbagli.

MENTORE. Dunque la proprietà del tuo corpo di "essere più alto di 1,5 metri" è qualcosa che esso possiede in modo relativamente stabile, nel senso che non varia al variare del contesto in cui si trova. Ma più esattamente, sapresti spiegarmi cosa significa possedere la proprietà di "essere più alto di 1,5 metri"?

PUPILLO. Significa che se prendi un metro e misuri la mia altezza, questa risulterà maggiore di 1,5 metri.

MENTORE. Esattamente. Quello che hai appena indicato è un *test sperimentale* per mezzo del quale è possibile definire *operativamente* la proprietà in questione. Si tratta di un procedimento che permette di rispondere a una domanda.

PUPILLO. Quale domanda?

MENTORE. "Possiede il tuo corpo fisico la proprietà di essere più alto di 1,5 metri?", questa domanda. Usando il tuo test (o altri test equivalenti) è possibile rispondere in modo chiaro. Ad esempio, se il metro indica un valore inferiore a 1,5 metri la risposta è negativa, e puoi affermare che la proprietà in questione è solo *potenziale*.

PUPILLO. Perché in futuro potrei anche crescere?

MENTORE. Non lo possiamo escludere.

PUPILLO. Mentre se il metro indica un valore superiore a 1,5 metri, la risposta è affermativa, e la proprietà è *provata*, giusto?

MENTORE. Non provata, solo *confermata*.

PUPILLO. Non capisco: se prendi il metro, misuri la mia altezza e il risultato è superiore a 1,5 metri, allora la proprietà non è solo confermata, ma anche provata.

MENTORE. Non sto affermando che non sia possibile provare che il tuo corpo è più alto di 1,5 metri. Sto solo dicendo che una risposta affermativa al test potrà alla meglio confermare tale assunto, ma di certo non provarlo.

PUPILLO. Perché mai?

MENTORE. Perché come aveva già osservato Einstein e due suoi collaboratori nel 1935[2], è solo quando puoi *predire con certezza* che l'esito di un test sarà positivo, *senza il bisogno di eseguirlo*, che puoi pretendere di aver *provato* una proprietà. Solo in tale circostanza puoi affermare che un'entità possiede una proprietà in *attualità*, o più semplicemente che la proprietà è *attuale*.

PUPILLO. Non sono sicuro di capire: come puoi conoscere in anticipo e con certezza l'esito di un test?

MENTORE. Considera un'altra proprietà del tuo corpo fisico:

---

[2] Einstein, A., Podolsky, B. and Rosen, N.; *Can Quantum-Mechanical Description of Physical Reality Be Considered Complete?* Phys. Rev. 47, p.777; 1935.

quella di "essere bruciabile". Questa proprietà, come sai, corrisponde alla capacità del tuo corpo in certe condizioni di combinarsi con l'ossigeno e produrre calore. Sapresti descrivermi un test in grado di definire *operativamente* questa sua proprietà?

PUPILLO. Accendi un forno crematorio, metti il mio corpo nel forno, aspetta un paio d'ore e controlla se si è incenerito. Se è il caso l'esito del test è affermativo, altrimenti negativo.

MENTORE. Un ottimo test. Secondo te il tuo corpo possiede la proprietà di "essere bruciabile", così come definita dal tuo test?

PUPILLO. Certo che sì.

MENTORE. Come puoi saperlo? Non ho ancora eseguito il test.

PUPILLO. E ti assicuro che non lo eseguirai!

MENTORE. Mi stai forse dicendo che puoi predire con certezza che l'esito del test sarà affermativo?

PUPILLO. È così.

MENTORE. Come puoi esserne sicuro?

PUPILLO. È una questione di esperienza. Un numero incalcolabile di corpi fisici equivalenti al mio sono già stati sottoposti al test del forno crematorio e che io sappia la risposta è sempre stata affermativa. Di conseguenza, penso di poter concludere con *ragionevole certezza* che il mio corpo fisico possieda la proprietà di "essere bruciabile", senza il bisogno di eseguire il test.

MENTORE. Precisamente. E se puoi concludere che la proprietà di "essere bruciabile" è una *proprietà attuale* del tuo corpo fisico è proprio perché conosci la risposta del test *in anticipo*, prima ancora di eseguirlo.

PUPILLO. Capisco, questa mia conoscenza sarebbe una conseguenza delle mie precedenti esperienze.

MENTORE. Sì, se uno sperimentatore ha eseguito per molte volte lo stesso test su entità equivalenti, ottenendo sempre la medesima risposta, allora, escludendo possibili anomalie, è in grado di predire con ragionevole certezza che se effettuasse ancora una volta il test su un'entità dello stesso tipo, il medesimo risultato si ripresenterebbe. In altre parole, lo sperimentatore può concludere, senza il bisogno di effettuare il test, che l'entità possiede la proprietà in questione. Come avrebbe detto Einstein, per lo sperimentatore tale proprietà corrisponde a un *elemento di realtà* che esiste *indipendentemente dalla sua osservazione.*[3]

PUPILLO. Tutto questo è molto interessante, ma cosa c'entra con la nostra discussione?

MENTORE. Fra poco lo scoprirai. Sei sempre dell'idea che "essere bruciabile" sia una proprietà che il tuo corpo possiede in questo momento?

PUPILLO. Certamente, poiché se decidessi di effettuare il test della fornace la risposta affermativa sarebbe certa.

MENTORE. Però per effettuare l'esperimento ci vorrebbe un certo tempo e la risposta non l'avresti *adesso*, nel presente, ma solo tra qualche ora, nel futuro. Come puoi allora sostenere che il tuo corpo sia bruciabile in questo preciso istante, nel tuo presente?

PUPILLO. Hm… Quello che so è che un test, qualunque esso sia, richiede sempre un certo tempo per essere eseguito. Quindi, i risultati di un test si troveranno sempre nel futuro e mai nel presente.

MENTORE. Giusto. Ma non è altrettanto vero che avresti potuto effettuare il test nel tuo passato, di modo che l'esito sarebbe stato disponibile nel tuo presente?

PUPILLO. L'esito non sarebbe stato comunque disponibile nel *mio* presente, dato che dopo il test sarei morto incenerito!

MENTORE. Fino a prova del contrario, in quanto coscienza in evoluzione, non sei unicamente un corpo fisico. Non

---

[3] Il termine "osservazione" è qui da intendersi anche nel senso di "misurazione", o "sperimentazione".

confondere il veicolo con il guidatore.

PUPILLO. Una falsa identificazione?

MENTORE. Già, ma non è di questo che vogliamo parlare, altrimenti usciamo dal seminato.

PUPILLO. Prosegui, ti prego.

MENTORE. Stavamo dicendo che avresti *potuto*, se avessi voluto, effettuare il test del forno crematorio nel tuo passato, diciamo alcune ore fa, di modo che l'esito sarebbe stato disponibile adesso, nel tuo presente, e non nel tuo futuro.

PUPILLO. Se ho capito bene, mi stai dicendo che se è vero che il mio corpo possiede la proprietà di "essere bruciabile" nel mio presente, è perché se avessi deciso alcune ore fa, nel mio passato, di effettuare il test della fornace, la risposta affermativa sarebbe stata certa adesso, nel mio qui-e-ora.

MENTORE. Hai afferrato il concetto. E ora abbiamo tutto il necessario per determinare di che cosa è fatta la tua realtà. Considera ancora una volta la tua automobile. Ogni volta che ti sei trovato nelle sue vicinanze e hai deciso di avere con essa un'interazione consapevole, immancabilmente lei si è dimostrata disponibile, dunque parte della tua realtà. Pertanto, sulla base di queste tue ripetute esperienze, sei oggi in grado di affermare, con ragionevole certezza, che se nel tuo passato avessi *scelto* di rimanere a casa, anziché recarti con me in questo tea room, in questo istante avresti *potuto* avere un'esperienza con la tua auto anziché con la tazza di the.

PUPILLO. Ora ho capito dove volevi arrivare con la tua lunga digressione. Se avessi scelto di rimanere a casa, in questo istante avrei ottenuto una risposta affermativa dal *test di esistenza* della mia automobile. E sulla base di questa predizione, di cui sono ragionevolmente certo, posso affermare che la mia automobile esiste ora, nel mio presente, sebbene nel mio presente non stia avendo con essa un'esperienza.

MENTORE. Proprio così, e questo significa che la tua realtà personale, l'insieme di tutto ciò che esiste per te nel tuo presente, è costituita da tutte le tue *possibili* esperienze: *quelle che avresti potuto vivere nel tuo presente se così avessi scelto nel tuo passato.* Sebbene in questo istante stai avendo un'esperienza con la tua tazza di the, nel tuo passato avresti potuto scegliere di agire diversamente, e se lo avessi fatto in questo momento staresti vivendo altre esperienze, con altre entità a te disponibili. Tutte queste entità disponibili a una tua esperienza, nel presente, sono per definizione parte della tua realtà personale.

PUPILLO. Ecco perché prima hai affermato, in senso letterale, che la *realtà è fatta di possibilità.* Se New York esiste per me, nel mio presente, sebbene in questo momento mi trovo qui con te a Lugano, è perché nel mio passato, diciamo un paio di giorni fa, avrei potuto scegliere di prendere un aereo, e se lo avessi fatto ora mi troverei a New York, anziché a Lugano.

MENTORE. Esatto, nel tuo passato avresti potuto porti un diverso *obiettivo*: andare a New York invece di rimanere a Lugano. Obiettivo che avresti potuto raggiungere con ragionevole certezza nel tuo presente. Per questa ragione puoi affermare che New York è altrettanto reale per te che Lugano: perché New York, in quanto *possibilità*, è un obiettivo che avresti potuto porti nel passato e raggiungere nel presente. Detto in altre parole: la *sostanza madre* di cui è fatta la nostra realtà è la *possibilità*!

PUPILLO. È strano però, una realtà fatta di possibilità non è... come dire... un po' troppo intangibile?

MENTORE. Non devi pensare alle possibilità come a delle entità insostanziali. Non c'è nulla di più tangibile delle possibilità: è solo con esse che puoi fonderti in un'esperienza.

PUPILLO. C'è qualcosa che ancora mi sfugge.

MENTORE. Qualche dubbio sul nostro ragionamento?

PUPILLO. Per quale ragione le possibilità sono emerse dalla nostra analisi? Perché le possibilità e non ad esempio le *probabilità*, o qualcosa d'altro?

MENTORE. Il concetto di probabilità è molto diverso da quello di possibilità. Quando non siamo certi di qualcosa, ad esempio dell'esistenza di una determinata entità, possiamo quantificare la nostra incertezza, la nostra ignoranza, per mezzo di una probabilità. Ma questa è tutta un'altra storia.

PUPILLO. D'accordo ma... da dove sbucano le possibilità?

MENTORE. Semplice: sbucano dalla *scelta*. Noi coscienze, in quanto espressioni individuali della totalità, ci manifestiamo per mezzo di veicoli relativamente circoscritti che non ci consentono di sperimentare tutta la realtà simultaneamente. Perciò, operiamo delle scelte, selezionando quei frammenti di realtà con i quali di volta in volta andiamo a fonderci in un'esperienza. Questa nostra capacità di scelta è uno degli attributi fondamentali della coscienza, che la scienza moderna non è assolutamente in grado di spiegare. Una scelta infatti, se veramente libera, costituisce una *causa prima*, un *principio primo*, fondamentale, non causato, non deducibile a partire da altri principi e dunque tecnicamente inspiegabile. In altre parole, se la nostra realtà è fatta di possibilità è perché noi coscienze la strutturiamo per mezzo delle nostre libere scelte.

PUPILLO. Ora che lo dici mi sembra evidente: che senso avrebbero le possibilità senza la scelta?

MENTORE. Possibilità e scelta sono le due facce di una stessa medaglia. *Una coscienza scegliendo pone in essere delle possibilità le quali, pertanto, sono fatte del suo stesso scegliere.*

PUPILLO. Fa un po' strano ma credo di avere capito: le possibilità sono il fondamento della nostra realtà in quanto riflesso del nostro potere di scelta.

MENTORE. Precisamente. E ora, per concludere in bellezza questo nostro inciso sulla sostanza del reale, vorrei rievocare quello che un mio professore di fisica[4] amava ripetere agli studenti, quando gesticolava alla lavagna con in mano un gesso.

---

[4] Si tratta di *Constantin Piron* (1932–2012), professore di fisica teorica presso l'università di Ginevra.

PUPILLO. Sono curioso, che cosa diceva?

MENTORE. Che è importante non confondere i gessi *rompibili* con i gessi *rotti*!

PUPILLO. Cosa intendeva con questo?

MENTORE. Che le nostre osservazioni, cioè i test che noi scegliamo o meno di attuare, trasformano la nostra realtà.

PUPILLO. Vuoi dire che le nostre possibilità cambiano in continuazione, a causa delle nostre scelte?

MENTORE. Esatto. Quando interagiamo con il campo delle nostre possibilità, il processo è sempre duplice: da una parte *scopriamo* possibilità già esistenti e dall'altra *creiamo* possibilità sempre nuove, che prima non esistevano.

PUPILLO. Come nel caso del gesso rotto?

MENTORE. Sì, prima del test il gesso possiede la proprietà di essere rompibile. Ciò significa che se decidessimo di esercitare su di esso, con le nostre mani, un'intensa coppia di forze nel tentativo di romperlo, cioè di *osservare la sua rompibilità*, l'esito sarebbe sicuramente positivo. Ma una volta effettuato il test la proprietà non sarà più attuale, poiché un gesso rotto, come è noto, non è più un gesso (facilmente) rompibile. In altri termini, pur confermando la proprietà, il test la distrugge. In controparte, nuove proprietà, dunque nuove possibilità, vengono così create.

PUPILLO. Ad esempio?

MENTORE. Un gesso rotto in due parti è uno strumento multidimensionale che consente di scrivere alla lavagna a due mani, simultaneamente. Questa è una proprietà che il gesso intero non possedeva.

PUPILLO. Quindi le nostre scelte corrispondono sempre a un duplice processo di distruzione-creazione?

MENTORE. Sì, un processo attraverso il quale promuoviamo un incessante cambiamento, trasformazione ed evoluzione della nostra realtà.

Sintesi del Capitolo

Non possiamo sperimentare la realtà tutta, in un colpo solo, ma possiamo esplorarla sistematicamente, pezzo per pezzo, attraverso il nostro potere di operare delle scelte.

Ciò che chiamiamo realtà è l'insieme delle nostre possibili esperienze: quelle che avremmo potuto vivere nel nostro presente se così avessimo scelto nel nostro passato.

Possibilità e scelta sono le due facce di una stessa medaglia: ogni volta che operiamo una scelta poniamo in essere delle possibilità.

Quando esploriamo il campo delle nostre possibilità attraverso le nostre scelte il processo è sempre duplice: da una parte scopriamo possibilità già esistenti e dall'altra creiamo possibilità sempre nuove.

L'esistere è una proprietà.

Una proprietà è qualcosa che un'entità possiede indipendentemente dal contesto in cui si trova.

Per definire una proprietà si fa ricorso a un test: un procedimento sperimentale che permette di rispondere a una domanda.

Come aveva già osservato Einstein, è solo quando siamo in grado di predire con certezza l'esito di un test, senza il bisogno di eseguirlo, che possiamo affermare che un'entità possiede (in atto) una determinata proprietà.

4. AUTOCORRUZIONE

Il maggiore ostacolo alla nostra integrazione è l'idea preconcetta che dovremmo già essere integrati, quando invece ancora non lo siamo.

PUPILLO. Stavo pensando: se è vero che la realtà è fatta di possibilità, allora il solo negare una possibilità è già di per sé negare la realtà.

MENTORE. Quando veniamo contrariati da un qualche evento non usiamo forse esclamare: "Non è possibile!"?

PUPILLO. Se mi cadesse un prezioso piatto di porcellana mi verrebbe proprio da dirlo!

MENTORE. Questo significherebbe che secondo la tua visione distorta della realtà la possibilità del piatto che cade sarebbe un'impossibilità, anziché una possibilità.

PUPILLO. Se invece il piatto mi è caduto, altro non farei che negare l'evidenza.

MENTORE. E la cosa come ti fa sentire?

PUPILLO. Profondamente irritato.

MENTORE. Lo stesso accade ad alcuni "scienziati" quando scoprono che la realtà non si piega alle loro teorie. Nella loro irritazione a volte esclamano: "Se la teoria non funziona tanto peggio per la realtà!". Allo stesso modo, quando ti cade un piatto e con stizza strilli "Non è possibile!", stai dicendo alla realtà che gli oggetti fragili come un piatto di porcellana non dovrebbero cadere verso il basso, obbedendo alla forza gravitazionale, bensì fluttuare pacatamente a mezz'aria.

PUPILLO. La realtà però non obbedisce a questa mia teoria.

MENTORE. Non perché ce l'abbia con te. Se obbedisse creerebbe un'anomalia gravitazionale di natura paradossale, e l'intera dimensione fisica collasserebbe. Se non ti dà ascolto è perché sa bene che in cuor tuo non desideri vivere in un mondo collassato dove vige la tua strana teoria.

PUPILLO. Ciononostante mi arrabbio come un bambino piccolo a cui la mamma non avrebbe permesso di mangiare l'intera torta.

MENTORE. Già, ma è meglio una piccola arrabbiatura che una pericolosa indigestione. Evitando di esaudire i nostri capricci più infantili la realtà ci protegge, come un genitore amorevole, saggio, paziente, e perfettamente equo nelle sue risposte. Perché al *genitore-realtà* sta molto a cuore che i suoi figli prediletti possano crescere sani e forti.

PUPILLO. Questi figli prediletti saremmo noi?

MENTORE. Certamente. La nostra crescita, in quanto coscienze, corrisponde all'evoluzione dei nostri veicoli di manifestazione, i nostri corpomente, i ricettacoli delle nostre teorie della realtà. Un'evoluzione il cui inizio, se mai inizio c'è stato, si perde nella cosiddetta notte dei tempi.

PUPILLO. Come possiamo promuovere l'evoluzione dei nostri veicoli di manifestazione, delle nostre teorie della realtà?

MENTORE. È semplice: ogni volta che ci accorgiamo di avere commesso un errore, subito lo correggiamo.

PUPILLO. L'ideale sarebbe allora non commettere mai errori.

MENTORE. Questo è umanamente impossibile, oltre che poco auspicabile. È grazie agli errori che possiamo progredire nella nostra vita.

PUPILLO. Ma se gli errori fossero strumenti che usiamo per progredire, di fatto non sarebbero errori!

MENTORE. L'errore, se di errore si può parlare, non sta nel commettere un errore, ma nel non correggerlo quando ne abbiamo l'opportunità. Perché se non lo correggiamo, poi lo ripetiamo.

PUPILLO. Mi fai venire in mente il famoso detto latino: *errare humanum est, perseverare autem diabolicum.*

MENTORE. Che tradotto significa: commettere errori è umano, vale a dire auspicabile in quanto funzionale alla crescita, mentre perseverare negli stessi errori è diabolico, vale a dire non auspicabile, in quanto non più funzionale alla crescita. Naturalmente, il termine "diabolico" non va qui inteso in senso letterale: serve unicamente a marcare la maggiore gravità di un errore se ripetuto in modo consapevole.

PUPILLO. Per quale ragione pur consapevoli di un errore non sempre lo correggiamo?

MENTORE. A causa di un meccanismo interno di *autocorruzione.* Hai presente il diavoletto e l'angioletto che accompagnano alcuni personaggi dei cartoni animati?

PUPILLO. Sì, il diavoletto è quello che suggerisce sempre di fare le cose cattive, mentre l'angioletto quelle buone.

MENTORE. Proprio così. L'angioletto e il diavoletto sono una metafora della nostra *frammentazione interna*, da cui ha origine il fenomeno dell'autocorruzione: un conflitto di identità della coscienza in evoluzione che non ha ancora raggiunto una sufficiente integrazione del proprio sé. Di conseguenza, si comporta in modo *schizofrenico*, cambiando continuamente idea su ciò che è bene o male, su ciò che è giusto o sbagliato, su ciò che è utile o controproducente ai fini della propria evoluzione. In altre parole, il diavoletto cerca sempre di corrompere l'angioletto e, viceversa, l'angioletto cerca sempre di corrompere il diavoletto.

PUPILLO. Se ho capito bene, in un dato momento la persona pensa che sia giusto, cioè utile, fare una certa cosa, poi il momento successivo ci ripensa e non la fa più, o fa addirittura qualcosa di diametralmente opposto.

MENTORE. Esatto. La persona possiede nel medesimo istante

due o più visioni differenti, due o più teorie della realtà tra loro *incompatibili*, nelle quali crede simultaneamente. Queste teorie vanno a formare una più vasta struttura, la quale, mancando di coerenza, conduce necessariamente a delle contraddizioni. In altre parole, l'individuo frammentato aderisce nel suo complesso a una falsa teoria che la realtà finirà immancabilmente col negare.

PUPILLO. Nel processo di autocorruzione la negazione sarebbe quindi primariamente interna?

MENTORE. Sì, poiché l'individuo ospita al suo interno frammenti di teorie concorrenti che si negano a vicenda. Per fare un esempio, la teoria dell'angioletto potrebbe dire: "Non devi uscire e perdere tempo con gli amici, ma pensare unicamente ai tuoi studi!". La teoria del diavoletto potrebbe invece obiettare: "Hai tutto il tempo per studiare, ora pensa solo a divertirti!".

PUPILLO. Bisognerebbe eliminare il diavoletto e tenere solo l'angioletto.

MENTORE. Come pensi di fare per eliminarlo?

PUPILLO. Potrei impedirgli di parlare.

MENTORE. Mi stai dicendo che sei in grado di decidere quali pensieri pensare e quali invece non pensare?

PUPILLO. Forse sì, se mi ci mettessi d'impegno.

MENTORE. Posso metterti alla prova?

PUPILLO. D'accordo.

MENTORE. Fai attenzione allora: impegnati a *non* pensare a un cavallo.

PUPILLO. ... !

MENTORE. Ce l'hai fatta?

PUPILLO. No, mi è apparsa l'immagine di un purosangue arabo e mi è venuto in mente quando sono caduto da cavallo. Ho pensato anche che non mi piace la carne equina e che i puledri sono animali paurosi.

MENTORE. Un pieno successo direi. Forse non ci siamo capiti: dovevi *non pensare* a un cavallo e non *pensarlo*.

PUPILLO. Spiritoso.

MENTORE. Ancora un tentativo?

PUPILLO. Sono pronto.

MENTORE. Guarda questo disegno e mentre lo guardi cerca di non pensare in nessun modo al suo significato.

PUPILLO. ... è impossibile! Il solo guardarlo mi fa subito venire in mente lo *Yin* e lo *Yang* della tradizione cinese.

MENTORE. Eppure ti ho chiesto di guardarlo senza pensare a nulla.

PUPILLO. Mi hai sconfitto: non sono in grado di controllare il flusso dei miei pensieri.

MENTORE. Benvenuto nel club, nemmeno io ci riesco.

PUPILLO. Perché è così difficile?

MENTORE. Perché la nostra mente riceve stimoli in continuazione, i quali a loro volta generano nuovi stimoli e così via, in un processo di natura associativa che non ha praticamente mai fine.

PUPILLO. Con la tua richiesta di non pensare a un cavallo hai stimolato la mia mente a farlo.

MENTORE. E lei ha reagito al mio stimolo producendo nuove immagini, in un susseguirsi di associazioni equine.

PUPILLO. Non avevo scelta: non potevo non pensare a un cavallo!

MENTORE. Non pensare a un cavallo avrebbe significato negare il mio stimolo, cosa che non potevi fare dato che era decisamente reale.

PUPILLO. E io non sono in grado di negare la realtà di uno stimolo reale, giusto?

MENTORE. Probabilmente nessuno è in grado di farlo. Ad ogni modo, gli stimoli che la tua mente riceve non provengono solo dall'esterno ma anche dall'interno. Il tuo corpomente infatti, in quanto sistema, è composto da numerosi sottosistemi che pur funzionando con relativa autonomia si scambiano incessantemente informazioni, dunque stimoli.

PUPILLO. Quali sarebbero questi sottosistemi?

MENTORE. I tre principali sono il *fisico*, l'*emozionale* e l'*intellettivo*, che possiamo altresì chiamare, rispettivamente, *mente fisica*, *mente emozionale* e *mente intellettiva*.

PUPILLO. In altre parole, quando mi hai chiesto se ero in grado di controllare il flusso dei miei pensieri, mi stavi chiedendo se potevo controllare l'attività di quella parte del mio corpomente che definisci *mente intellettiva*.

MENTORE. Esatto, e se non riesci a farlo è perché la tua mente intellettiva possiede aspetti puramente meccanici, in grado di reagire autonomamente ai continui stimoli che riceve, sia interni che esterni, come ad esempio quelli provenienti dalla tua mente fisica o emozionale.

PUPILLO. Capisco, le mie percezioni fisiche ed emotive stimolano continuamente i miei flussi di pensiero.

MENTORE. E viceversa, i tuoi flussi di pensiero stimolano, retroattivamente, nuove emozioni e nuove sensazioni fisiche.

PUPILLO. Quindi, se volessi controllare il flusso dei miei pensieri, dovrei isolare il mio intelletto dal resto del mondo.

MENTORE. Cosa che ovviamente non puoi fare. Ma se anche ci

riuscissi, non è detto che raggiungeresti il tuo obiettivo.

PUPILLO. Così però cesserebbero gli stimoli, dunque le reazioni a catena indotte dalle associazioni meccaniche.

MENTORE. Il tuo intelletto potrebbe però autostimolarsi.

PUPILLO. In che modo?

MENTORE. Attraverso il manifestarsi di un conflitto interiore tra la parte diavoletto e la parte angioletto.

PUPILLO. Mi ero dimenticato di quei due!

MENTORE. Se non sbaglio volevi sbarazzarti del diavoletto impedendogli di parlare.

PUPILLO. Ora ho capito che il tentativo sarebbe votato al fallimento. Cosa mi suggerisci di fare?

MENTORE. Prova a riguardare il simbolo del *Thai Chi*. Cosa ti suggerisce?

PUPILLO. Il simbolo raffigura il combinarsi di due principi: quello nero è il principio *Yin*, che se ricordo bene esprime la polarità negativa, notturna, femminile, mentre quello bianco è il principio *Yang*, che corrisponde alla polarità positiva, diurna, maschile.

MENTORE. Sì, queste due polarità universali, come la quiete e il movimento, il freddo e il caldo, il dentro e il fuori, e via discorrendo, apparentemente si contrastano, cioè si negano a vicenda. Eppure, il simbolo del Thai Chi ci indica un'altra possibilità. Riesci a vedere quale?

PUPILLO. Nel simbolo i due princìpi, pur contrastandosi, allo stesso tempo si completano e si sostengono a vicenda.

MENTORE. Proprio così. Il simbolo ci suggerisce che la strada dell'*integrazione* non solo è possibile ma addirittura auspicabile, e in un certo senso obbligatoria. Poiché è mediante l'integrazione di forze solo apparentemente contrastanti che possiamo creare equilibri sempre più ampi e stabili nella nostra vita.

PUPILLO. Nel caso del diavoletto che mi incita al divertimento sfrenato e dell'angioletto che mi esorta a rimanere ligio al dovere, come posso attuare l'integrazione? Come faccio a mettere d'accordo quei due?

MENTORE. Potresti cominciare ponendoti le seguenti domande: Si conoscono quei due? Si sono mai incontrati? Hanno mai dialogato? Hanno mai condiviso le loro motivazioni, le loro visioni, le rispettive teorie della realtà?

PUPILLO. Immagino di no.

MENTORE. E immagini bene. A causa del problema dell'identificazione, quei due solitamente non si parlano.

PUPILLO. Cosa c'entra adesso l'identificazione?

MENTORE. C'entra, poiché generalmente la coscienza si lascia assorbire dalle voci dell'angioletto e del diavoletto, con le quali di volta in volta si identifica. In questo modo però, il conflitto non potrà essere risolto.

PUPILLO. Perché?

MENTORE. Perché a causa del suo immedesimarsi alternativamente nell'angioletto e nel diavoletto, quando c'è uno non c'è mai l'altro. In questo modo come possono conoscersi?

PUPILLO. Che fare allora? La situazione appare senza speranza!

MENTORE. Non lo è, purché la coscienza diventi consapevole del meccanismo di autocorruzione che è in atto: dello strano balletto in cui alternativamente si identifica con personalità apparentemente inconciliabili.

PUPILLO. Come può divenire consapevole di un siffatto balletto schizofrenico?

MENTORE. Il balletto la fa soffrire, procurandole ad esempio uno spiacevole *senso di colpa*. Quando è fuori a divertirsi si sente in colpa perché non è a casa a studiare, e quando studia si sente in trappola e vorrebbe uscire a divertirsi. In entrambi i casi non fa mai quello che desidera e vive un profondo senso di frustrazione.

PUPILLO. D'accordo, diciamo che grazie alla frustrazione è consapevole del problema, della frammentazione interna. Ma come può risolvere la situazione?

MENTORE. Una possibilità è di fare entrare in gioco un nuovo personaggio, l'*osservatore*, la cui funzione, come dice il nome, è quella di osservare. Osservare le sue parti, osservare sé stesso e osservare la sua stessa osservazione. Così facendo, crea uno spazio nel quale il diavoletto e l'angioletto possono finalmente conoscersi e scambiarsi le rispettive visioni.

PUPILLO. Sbaglio o parti dal presupposto che sia l'angioletto che il diavoletto abbiano sempre delle ragioni valide per sostenere quello che sostengono?

MENTORE. Ogni entità vivente cerca sempre il meglio per sé e per gli altri data la propria visione della realtà. Secondo la visione del diavoletto è più importante godere di tutto ciò che offre il presente che pensare al futuro, cioè alle conseguenze delle proprie azioni. Secondo la visione dell'angioletto invece, il futuro è più importante del presente e la vita va vissuta con profondo spirito di sacrificio.

PUPILLO. Mi sembra di capire che hanno entrambi una visione troppo ristretta della realtà.

MENTORE. Le loro teorie contemplano correttamente solo alcuni aspetti della vita, ma ne negano altri, non prendendoli dovutamente in considerazione.

PUPILLO. Allora non è corretto affermare che il diavoletto è cattivo mentre l'angioletto è buono: sono entrambi buoni, secondo il loro modo personale di vedere le cose.

MENTORE. Proprio così, ma entrambi hanno interesse ad allargare le rispettive visioni. E il miglior modo per farlo è imparando a conoscersi.

PUPILLO. Grazie allo *spazio di incontro* creato dalla coscienza nel ruolo di osservatore?

MENTORE. Esattamente.

PUPILLO. Ma quei due non rischiano semplicemente di parlarsi addosso?

MENTORE. Tutt'altro. Quando la coscienza entra nel ruolo dell'osservatore, sottrae energia al diavoletto e all'angioletto. In questo modo, si fanno entrambi più pacati e il loro dialogo non potrà che essere costruttivo.

PUPILLO. Che cosa accade durante il loro incontro, sotto lo sguardo vigile dell'osservatore?

MENTORE. Quello che accade è riassunto nel simbolo del Thai Chi: scoprono di avere entrambi ragione, o entrambi torto. In entrambe le loro visioni c'è infatti qualcosa di valido e allo stesso tempo qualcosa di errato, poiché si tratta di visioni parziali. Ad esempio, l'angioletto potrebbe scoprire che non si può vivere nel futuro, dato che esiste solo il presente. D'altra parte, il diavoletto potrebbe realizzare che nella realtà in evoluzione vige una legge, detta di *causa-effetto*, secondo la quale le scelte che operiamo nel nostro "presente di oggi" determinano le possibilità del nostro "presente di domani", e che pur cogliendo l'attimo dobbiamo altresì riflettere a ciò che stiamo seminando.

PUPILLO. Entrambi commettono lo stesso errore: scambiano la loro visione parziale per una visione completa.

MENTORE. Proprio così. Naturalmente, stiamo ragionando in termini molto generali. A seconda delle circostanze i messaggi del diavoletto e dell'angioletto possono diventare molto più specifici.

PUPILLO. Come ad esempio?

MENTORE. A volte l'angioletto è semplicemente la voce di un genitore, di una specifica comunità, o dell'intera società, che ci dicono cosa dovremmo fare per essere accettati, riconosciuti, amati, secondo il loro personale punto di vista sulla questione.

PUPILLO. Come quando un padre esorta il figlio a seguire la sua stessa professione?

MENTORE. È un buon esempio. Il padre agisce per il massimo bene del figlio, indicandogli quella che *secondo lui* è la strada da seguire. La sua voce è simile a quella di un angioletto che lo sollecita ad impegnarsi, per esempio negli studi.

PUPILLO. E il diavoletto?

MENTORE. Il diavoletto in questo caso può assumere la voce della "corruzione", che esorta il ragazzo a disubbidire al volere del padre, disertando gli studi.

PUPILLO. E chi dei due avrebbe ragione?

MENTORE. Come al solito nessuno dei due, o entrambi. Infatti, quando l'angioletto e il diavoletto si incontrano scoprono di non essere poi così diversi e di avere un gran bisogno l'uno dell'altro per crescere.

PUPILLO. Ma quale potrebbe essere, in questo esempio più specifico, il loro punto di incontro?

MENTORE. Grazie alla parte diavoletto il ragazzo potrebbe realizzare che la professione del padre non fa al caso suo, mentre la parte angioletto potrebbe aiutarlo a comprendere che il problema non è tanto nello studio, quanto nella scelta dell'orientamento.

PUPILLO. Capisco, entrambi possiedono un pezzetto importante di informazione. Se ascolta solo il diavoletto il ragazzo rischia di abbandonare per sempre gli studi, mentre se ascolta solo l'angioletto e segue le orme del padre rischia di sviluppare un crescente senso di insoddisfazione.

MENTORE. Angioletto e diavoletto non hanno ragioni di combattersi, ma tutto da guadagnare nel fondere le rispettive visioni in una visone più ampia, più profonda, più complessa e maggiormente compatibile con la realtà. Quale risultato del loro incontro possono formare un unico frammento integrato, una nuova teoria della realtà, più avanzata, che la coscienza osservatrice potrà adottare per agire in modo più armonico, confortevole e produttivo. Per dirla in breve, con la nuova teoria il ragazzo sarà finalmente in grado di riconoscere i propri desideri che potrà realizzare senza più il bisogno di autoboicottarsi.

PUPILLO. Hm…

MENTORE. Pensieroso?

PUPILLO. Pensavo al mio angioletto e diavoletto personali. Pur tenendo nella dovuta considerazione anche la voce del diavoletto, che mi suggerisce di non preoccuparmi e vivere le cose così come vengono, ho tendenza ad avvalorare maggiormente la voce dell'angioletto, che mi suggerisce di pensare sempre al domani. Non riesco a mettere quei due esattamente sullo stesso piano, come fai tu e come sembra fare il simbolo del Thai Chi.

MENTORE. Cosa ti dice più esattamente il tuo angioletto?

PUPILLO. Mi dice che dovrei comportarmi nella vita in modo perfettamente etico e responsabile.

MENTORE. Questa è la teoria del tuo angioletto, che è anche la tua, dato che lui è una parte di te. Ma dimmi: ci riesci?

PUPILLO. Come prego?

MENTORE. Riesci a comportarti nella vita in modo perfettamente etico e responsabile?

PUPILLO. Non sempre. Anzi, quasi mai!

MENTORE. E come ti fa sentire la cosa?

PUPILLO. Un fallito.

MENTORE. E come ci si sente a sentirsi un fallito?

PUPILLO. Non bene, si soffre.

MENTORE. Ti ricorda nulla tutto questo?

PUPILLO. Mi sono identificato con una falsa teoria della realtà?

MENTORE. Già! La tua teoria, o la teoria del tuo angioletto se preferisci, non può essere vera, essendo che le tue azioni continuamente la smentiscono. Non devi comportarti in modo perfettamente etico e responsabile.

PUPILLO. Non devo… perché?

MENTORE. Semplicemente perché non lo fai. E se non lo fai vuol dire che non devi farlo, solo che potresti farlo. Agire sempre in modo perfettamente etico e responsabile è un ideale che nella realtà del tuo percorso evolutivo non sarai mai in grado a raggiungere.

PUPILLO. Capisco: non sono un essere perfetto, solo un essere tendente alla perfezione che si evolve imparando dai propri errori.

MENTORE. Cosa ti fa credere di essere imperfetto? Dal mio punto di vista ogni coscienza in evoluzione è perfetta così com'è, essendo esattamente così come deve essere. No, la ragione per la quale non riesci a raggiungere gli ideali del tuo angioletto è tutt'altra.

PUPILLO. E sarebbe?

MENTORE. Rifletti, è molto semplice.

PUPILLO. … non ci arrivo!

MENTORE. Se non ci arrivi è perché la risposta è così semplice che non riesci a vederla.

PUPILLO. Sono tutt'orecchi, anzi tutt'occhi!

MENTORE. Quello che ti impedisce di essere perfettamente etico e responsabile nella tua vita è esattamente il pensiero che tu lo debba essere.

PUPILLO. È un paradosso!

MENTORE. Un paradosso solo apparente. Sei d'accordo che alla luce dei fatti la teoria del tuo angioletto è palesemente falsa?

PUPILLO. Sono costretto ad ammetterlo.

MENTORE. E dimmi: cosa ci può essere di più antietico e irresponsabile nella vita di agire sulla base di una teoria che è evidentemente falsa?

PUPILLO. Ora che me lo fai notare, hai proprio ragione: è da irresponsabili continuare a credere in una falsa teoria e fondare su di essa le proprie valutazioni, scelte e azioni.

MENTORE. Esattamente. Potrai cominciare a essere più etico e responsabile nella tua vita solo quando smetterai di credere di doverlo essere.

PUPILLO. Ma se lo faccio non rischio poi di giustificare ogni mio comportamento?

MENTORE. Potresti farlo, certamente, ma non sei obbligato a farlo. Se ti liberi dal giogo delle tue false teorie della realtà, come userai questa tua nuova libertà?

PUPILLO. A dire il vero non lo so proprio.

MENTORE. "Non lo so" è un magnifico pensiero che apre a esperienze totalmente nuove. Ma una cosa è certa: una volta libero dai doveri imposti dalle tue false teorie della realtà potrai finalmente incontrare e conoscere la tua natura più profonda.

PUPILLO. E mi piacerà?

MENTORE. Coloro che l'hanno incontrata l'hanno descritta con termini quali: bellezza, pace, amore, serenità, armonia, gioia, felicità, beatitudine...

PUPILLO. Sembra promettente.

MENTORE. Lo è!

SINTESI DEL CAPITOLO

Negare una possibilità significa negare la realtà.

La realtà è un genitore amorevole che ci protegge evitando di esaudire i nostri capricci più infantili.

Per promuovere l'evoluzione delle nostre teorie della realtà dobbiamo correggere i nostri errori, evitando di ripeterli in continuazione. Se non lo facciamo è perché è in atto un meccanismo interno di autocorruzione.

L'autocorruzione è l'espressione di un conflitto di identità della coscienza che si identifica alternativamente con personalità apparentemente inconciliabili.

Quando la coscienza assume il ruolo neutro di osservatore crea uno spazio di incontro nel quale le sue parti conflittuali (che possiedono ognuna un pezzo importante di informazione) possono incontrarsi, conoscersi e integrarsi.

Paradossalmente, il maggiore ostacolo all'integrazione è la falsa credenza che dovremmo già essere perfettamente integrati, quando invece ancora non lo siamo.

Gli stimoli che la nostra mente riceve non provengono solo dall'esterno, ma altresì dal nostro interno.

Il nostro corpomente è formato da numerosi sottosistemi che pur funzionando con relativa autonomia si scambiano incessantemente informazioni. I sottosistemi principali sono tre: fisico, emozionale e intellettivo.

5. DOLORE

Usare propriamente l'intelletto significa riconoscere il vero significato del dolore e non indulgere nella sofferenza.

PUPILLO. Quando ti ho chiesto come fare per promuovere la nostra evoluzione mi hai risposto che ci sono essenzialmente due metodi: il primo consiste nel lasciar fare alla realtà e il secondo nell'anticiparla. Non sono sicuro di avere capito cosa intendevi.

MENTORE. Il primo metodo si fonda sulla *sofferenza*, mentre il secondo si fonda sul *dolore*.

PUPILLO. E quale sarebbe la differenza?

MENTORE. Come ti ho già accennato, il primo metodo richiede molto tempo ed è assai sgradevole, mentre il secondo è molto più rapido e pressoché indolore.

PUPILLO. Ma se anche il secondo metodo si fonda sul dolore come può essere indolore?

MENTORE. Se provi a toccare la punta di uno spillo cosa provi?

PUPILLO. Una piccola sensazione di dolore.

MENTORE. Questa piccola sensazione di dolore cosa ti fa fare?

PUPILLO. Mi fa ritrarre il dito.

MENTORE. Quando hai ritratto il dito poi ti fa ancora male?

PUPILLO. Non più.

MENTORE. Come valuti questa esperienza, che consiste nel toccare la punta di uno spillo, percepire una breve sensazione di dolore e infine ritrarre il dito: la definiresti dolorosa?

PUPILLO. Non proprio. La sensazione di dolore è molto lieve, anche perché di brevissima durata. Ed è proprio questa sensazione che mi avverte del rischio che correrei se col dito esercitassi una pressione maggiore sulla punta dello spillo. Se lo facessi l'esperienza diventerebbe veramente dolorosa.

MENTORE. Se lo facessi quella breve e leggera sensazione di dolore si trasformerebbe in una vera e propria sofferenza. Chi esercita una forte pressione sullo spillo malgrado l'avvertimento applica il primo metodo, mentre chi ritrae subito il dito applica il secondo metodo.

PUPILLO. Se ho capito bene, tu distingui *dolore* e *sofferenza*.

MENTORE. Nel linguaggio di tutti i giorni questi due termini sono pressoché sinonimi. Ma c'è una grossa differenza. Come sai il dolore è una sensazione poco piacevole susseguente alla stimolazione di particolari ricettori, detti nocicettori, che funziona come segnale di allarme grazie al quale possiamo evitare un pericolo. La sofferenza è invece una condizione tormentosa dovuta a un'assiduità del dolore. In altre parole, quando il dolore è ininterrotto, continuo e non cessa, abbiamo a che fare con la sofferenza.

PUPILLO. Per quale ragione in talune circostanze il dolore non cessa?

MENTORE. Perché invece di ritrarre il dito dallo spillo continuiamo a premere con forza sulla sua punta aguzza.

PUPILLO. Un comportamento davvero irragionevole!

MENTORE. Sì, un comportamento che nega la realtà.

PUPILLO. La realtà del dolore?

MENTORE. Prima ancora di negare la realtà del dolore, nega la realtà della punta dello spillo. Quando continuiamo a premere sulla punta aguzza dello spillo malgrado l'avvertimento del dolore siamo convinti che uno spillo non dovrebbe pungere.

PUPILLO. Una falsa teoria della realtà?

MENTORE. Proprio così, una falsa teoria della realtà che produce qualcosa come un'*allucinazione percettiva*, che ci impedisce di valutare adeguatamente il segnale protettivo del dolore. Così, a lungo andare la nostra vita si trasforma in un percorso di grande sofferenza, perfettamente incomprensibile, dove ogni cosa viene percepita come potenzialmente minacciosa. E questo naturalmente ci porta a sviluppare un atteggiamento di profondo vittimismo.

PUPILLO. Sembra una condizione senza via d'uscita.

MENTORE. La via d'uscita c'è sempre. Se però l'allucinazione generata dalle nostre false teorie è molto vivida, dacché l'identificazione è particolarmente intensa, è necessario molto tempo e parecchia sofferenza prima che la persona si renda conto del proprio abbaglio. Ma quando questo avviene, ha finalmente la possibilità di abbandonare il ruolo di vittima e modificare il proprio comportamento, ritraendo il dito dalla punta dello spillo. La sofferenza può allora cessare e la sensazione naturale e protettiva del dolore può tornare ad essere percepita senza pericolose distorsioni.

PUPILLO. Come avviene la presa di coscienza?

MENTORE. Avviene tramite una graduale disintegrazione della falsa teoria ad opera della realtà. Il processo non è sempre tra i più piacevoli, soprattutto quando le nostre false teorie sono profondamente radicate nelle strutture più dense del nostro corpomente.

PUPILLO. Stai alludendo alla *malattia*?

MENTORE. Sì, la malattia è il risultato di uno scontro prolungato tra una falsa teoria della realtà e la realtà stessa. Uno scontro grazie al quale la coscienza ha l'opportunità di correggere i propri errori e *autoguarirsi*.

PUPILLO. Mentre il secondo metodo?

MENTORE. Il secondo metodo consiste semplicemente nel dare pieno ascolto e significato alle nostre sensazioni di dolore.

PUPILLO. Vale a dire?

MENTORE. Ogni volta che percepiamo un dolore, sia esso fisico, emozionale o addirittura intellettivo, dobbiamo chiederci: "Dov'è lo spillo?".

PUPILLO. E subito togliere il dito anziché esercitare maggiore pressione?

MENTORE. Esattamente. Il secondo metodo consiste nel correggere tempestivamente gli errori insiti nelle nostre false teorie, anticipando, se così si può dire, il contraccolpo della realtà.

PUPILLO. Perché di solito non lo facciamo?

MENTORE. È una domanda a cui non è facile rispondere. Forse è perché ci troviamo in un passaggio delicato della nostra crescita, in quanto coscienze in evoluzione.

PUPILLO. Spiegati meglio.

MENTORE. Da tempi immemori stiamo sviluppando i nostri veicoli di manifestazione. Inizialmente ci siamo perlopiù dedicati allo sviluppo della nostra mente fisica, per poi passare alla mente emozionale.

PUPILLO. Mi stai dicendo che abbiamo iniziato a costruire le nostre teorie della realtà sin dagli albori della nostra evoluzione biologica, quando eravamo ancora dei semplici microrganismi?

MENTORE. È così, abbiamo scritto queste nostre teorie a più livelli. Inizialmente nella nostra struttura fisica, ad esempio nei geni, nelle cellule, nei tessuti e negli organi. In seguito nella nostra matrice emozionale, quando più di recente ci siamo evoluti nei cosiddetti animali superiori. Fino a quel momento possiamo ipotizzare che il processo non abbia comportato particolari problemi, nel senso che ogni volta che il nostro corpomente entrava in conflitto con la realtà, prontamente si ravvedeva, correggendo in tempo reale la propria struttura interiore, ossia la propria teoria della realtà.

PUPILLO. Se ho capito bene, quando, attraverso il meccanismo del dolore, il corpomente percepiva che era in atto un tentativo di negazione della realtà, subito si adattava senza perdurare nel conflitto?

MENTORE. Sì, a quei tempi il "perseverare autem diabolicum" non era ancora in auge e la coscienza imparava prontamente dai propri errori, grazie al ruolo guida del dolore.

PUPILLO. Poi cos'è successo?

MENTORE. La crescita è passata a uno stadio successivo, particolarmente delicato: lo sviluppo della mente intellettiva. Questo sviluppo ci ha permesso di raggiungere l'attuale livello evolutivo, quello dell'*Homo sapiens sapiens*.

PUPILLO. Perché doppio sapiens?

MENTORE. Noi umani, in termini biologici, siamo classificati come appartenenti alla famiglia degli ominidi, del genere *Homo*, della specie *Homo sapiens* e della sottospecie *Homo sapiens sapiens*, l'unica sopravvissuta fino ai nostri giorni. Ma a prescindere dalle questioni tecniche di nomenclatura, mi piace pensare che il primo "sapiens" stia per "l'uomo che sa", mentre il secondo "sapiens" stia per "l'uomo che sa di sapere".

PUPILLO. Cioè l'uomo *consapevole*?

MENTORE. Sì, l'uomo che ha raggiunto un grado di sviluppo tale da rendere manifesto e stabile l'attributo della consapevolezza del proprio flusso di pensieri. Questo sarebbe il cosiddetto uomo moderno. Considera però che l'uomo moderno non è l'unico animale terrestre ad avere attuato la possibilità della *metacognizione*, cioè la capacità di "sapere ciò che sa". Recenti esperimenti[5] hanno dimostrato che oltre alle scimmie anche animali semplici come un topo possiedono la capacità di riflettere sul contenuto delle proprie conoscenze, sebbene ovviamente non allo stesso livello dell'uomo moderno, per il quale la metacognizione è diventata una vera e propria forma di *autoconsapevolezza*.

---

[5] A. Foote e J. D. Crystal, "Metacognition in the Rat.", *Current Biology* 17, 1–5, March 20, 2007.

PUPILLO. Vuoi dire che l'uomo moderno è diventato autoconsapevole grazie alla consapevolezza dei propri flussi di pensiero?

MENTORE. Sì, anche se si tratta di una forma di autoconsapevolezza pur sempre limitata, essendo noi coscienze molto di più che il semplice contenuto dei nostri flussi di pensiero. Ma per tornare alla tua precedente domanda, possiamo ipotizzare che lo sviluppo delle facoltà intellettive abbia condotto l'uomo alla soglia di un passaggio evolutivo molto delicato. Infatti, attraverso il pensiero e l'immaginazione l'uomo è diventato capace di produrre vere e proprie *simulazioni della realtà*, grazie alle quali ha imparato a prevedere in anticipo il corso degli eventi.

PUPILLO. Uno strumento indubbiamente utile per sopravvivere in un ambiente ostile, dove numerose specie competono tra loro.

MENTORE. Sì, uno strumento molto utile e molto potente. In un certo senso troppo potente.

PUPILLO. Che intendi dire?

MENTORE. Col passare del tempo possiamo supporre che queste simulazioni della realtà prodotte dalla mente intellettiva, sempre più complesse e pregnanti, abbiano iniziato a vivere di vita propria, creando una realtà interiore talmente ricca di contenuti che la coscienza ha cominciato a percepirla in modo altrettanto reale della realtà esteriore. Una sorta di seconda realtà che andava a sovrapporsi e a confondersi con la prima.

PUPILLO. Vuoi dire che la coscienza avrebbe iniziato a confondere le proprie teorie della realtà con la realtà stessa?

MENTORE. Esatto, e questo avrebbe segnato l'inizio del processo allucinatorio di cui abbiamo parlato, non potendo più discriminare correttamente ciò che è interiore – le proprie teorie della realtà – da ciò che è esteriore – la realtà[6]. Probabilmente

---

[6] I termini di "interiore" ed "esteriore" non vanno qui intesi in senso stretto. La realtà interiore è infatti a sua volta contenuta nella realtà

questa confusione tra realtà e simulazione della realtà spiega anche l'emergenza di nuove sovrastrutture cognitive che hanno reso oltremodo difficile il relazionarsi della coscienza umana con il reale.

PUPILLO. Puoi farmi un esempio di queste sovrastrutture?

MENTORE. Il *passato* e il *futuro* sono tra queste. Con lo sviluppo della mente intellettiva la coscienza ha iniziato a percepire il passato e il futuro come entità reali, quando invece il tempo, così come solitamente lo intendiamo, non esiste, cosa che ogni entità vivente che non ha ancora sviluppato una mente pensante sa perfettamente.

PUPILLO. In che senso scusa il passato non esiste?

MENTORE. Il passato è il risultato delle nostre registrazioni, dette memorie, le quali esistono unicamente nel presente. Inoltre, essendo le nostre memorie delle strutture energetiche, prima o poi, inevitabilmente, finiscono con l'alterarsi. Pertanto, contrariamente a quanto si è portati a credere, il passato non è qualcosa di immutabile: può mutare e di fatto continuamente muta, nella misura in cui mutano le nostre memorie. Con ogni probabilità, il nostro presente di un domani molto lontano possiederà un passato molto diverso dal passato che oggi conosciamo.

PUPILLO. Quello che dici è sorprendente: ho sempre creduto, senza troppo rifletterci lo ammetto, che il passato fosse qualcosa di definito e immutabile, sebbene non necessariamente di conosciuto.

MENTORE. Il passato invece è solo un insieme di memorie, di forme energetiche, le cui caratteristiche sono necessariamente mutevoli. Quando rievochiamo un evento passato, registrato nella nostra memoria, l'evento viene rivissuto, rielaborato, reinterpretato e infine riattualizzato, prima di essere nuovamente registrato, cosicché non sarà più ricordato allo

---

esteriore (intesa qui come realtà tutta) e pertanto non è da essa disgiunta.

stesso modo.

PUPILLO. Hm… qualcosa ancora mi sfugge.

MENTORE. È tutto molto semplice. Senza le memorie il passato non può esistere. Il passato e le memorie sono sostanzialmente la stessa cosa. E poiché le memorie possono esistere solo nel presente, il passato si trova nel presente, un presente che muta in continuazione.

PUPILLO. E il futuro?

MENTORE. Nel caso del futuro, si è più propensi a ritenere che non esista in quanto tale. Comunque, esattamente come per il passato, il futuro è solo una memoria nel presente. Non una memoria di esperienze vissute, ma una memoria di esperienze simulate, di esperienze che potremmo vivere a dipendenza delle nostre scelte.

PUPILLO. Se ho capito bene, il tempo per te non esiste, poiché esisterebbe unicamente il presente.

MENTORE. Non solo per me, ma anche per te. Non puoi avere un'esperienza con l'entità-tempo. Non puoi sottoporla al *test di esistenza* di cui abbiamo precedentemente parlato. Pertanto, il tempo non è un'entità reale.

PUPILLO. Eppure, fluisce dal passato verso il futuro.

MENTORE. Così sembra.

PUPILLO. Non è cosi?

MENTORE. Se fluisse possederebbe una *velocità*, non trovi?

PUPILLO. Certamente, una velocità che ne caratterizzerebbe il fluire dal passato verso il futuro.

MENTORE. Dimmi: che cos'è una velocità, ad esempio la velocità di un'automobile?

PUPILLO. È la misura della variazione della sua posizione rispetto al variare del tempo.

MENTORE. E la velocità del tempo che cos'è? La misura della variazione di cosa?

Pupillo. Del tempo, beninteso.

Mentore. Rispetto a cosa?

Pupillo. Rispetto a…

Mentore. Stai forse per dire "Rispetto alla variazione del tempo"? Così però fai di nuovo la fine di un serpente che si morde la coda. Non ha nessun senso definire la variazione di qualcosa rispetto a sé stessa. Ne consegue che il tempo non fluisce! E se non fluisce allora non esiste! O meglio, esiste ma solo nelle nostre false teorie della realtà.

Pupillo. Suona tutto un po' strano. Se il tempo non esiste allora nemmeno il passato e il futuro dovrebbero esistere.

Mentore. Non esistono in quanto entità a sé stanti, ma è sempre possibile parlarne in termini di registrazioni.

Pupillo. Se ho capito bene, il nostro corpomente è assimilabile a una megamemoria ambulante nella quale registriamo sia le nostre esperienze di un illusorio passato, sia le nostre simulazioni di un illusorio futuro.

Mentore. Sì, queste memorie, in continua mutazione, sono l'espressione delle nostre teorie della realtà. Parte di queste teorie le abbiamo scritte in un passato remoto, quando ancora non disponevamo di una mente intellettiva. Poi, più di recente, abbiamo aggiunto elementi nuovi, progettati dal più potente strumento dell'intelletto. Elementi così vividi da venire col tempo scambiati per quella stessa realtà che dovevano unicamente descrivere e spiegare. Siamo così caduti in una terribile trappola: ci siamo identificati a tal punto da rimanere prigionieri delle nostre stesse creazioni teoriche, e per lungo tempo ha regnato unicamente la sofferenza, senza che fossimo più in grado di cogliere il prezioso e chiaro segnale di allarme del dolore.

Pupillo. Un po' come se la sofferenza ci avesse impedito di rimanere lucidi e analizzare la realtà con il dovuto discernimento?

Mentore. Esatto, ma alla lunga, malgrado il tormentoso

percorso della sofferenza, o forse proprio grazie ad esso, alcuni di noi hanno finito, volenti o nolenti, con il cogliere il messaggio e ritrarre il dito dalla punta dello spillo. Col tempo molte delle nostre false teorie hanno finito con lo sgretolarsi, quale conseguenza di un prolungato attrito con l'imperturbabile realtà di tutto-ciò-che-è.

PUPILLO. Ci siamo così aperti alla possibilità del secondo metodo?

MENTORE. Esattamente, poiché il secondo metodo consiste nel non più confondere dolore e sofferenza, distinguendo la nostra realtà interiore (le nostre teorie della realtà) dalla nostra realtà esteriore.

PUPILLO. Però, prima di possedere una mente intellettiva, questo lo sapevamo già fare. Cosa abbiamo guadagnato con tutta questa sofferenza?

MENTORE. La padronanza della nostra mente intellettiva: il più sofisticato e avanzato strumento di manifestazione attualmente disponibile. Uno strumento così potente che inizialmente ci è sfuggito di mano, ma che ora possiamo imparare a far funzionare propriamente, sempre che sia questo ciò che desideriamo.

PUPILLO. Se ho capito bene, usare propriamente l'intelletto significa riappropriarci del vero significato del dolore, senza più indulgere nella sofferenza.

MENTORE. Dici bene. Ma c'è di più: il riconoscimento del ruolo costruttivo del dolore e la susseguente disidentificazione dal contenuto delle nostre teorie della realtà ci apre alla possibilità di un terzo metodo evolutivo, ancora più avanzato: quello dell'*autoricerca scientifica*.

SINTESI DEL CAPITOLO

Il tempo esiste unicamente nelle nostre false teorie della realtà.

Il passato e il futuro sono solo registrazioni: forme energetiche in continua evoluzione, espressione delle nostre teorie della realtà.

Di recente sulla scala evolutiva, abbiamo aggiunto elementi nuovi alle nostre teorie della realtà, progettati dallo strumento della nostra mente intellettiva. Elementi così vividi e pregnanti da essere scambiati per quella stessa realtà che dovevano unicamente simulare.

Attraverso il meccanismo dell'identificazione abbiamo perso la capacità di discriminare ciò che è interiore (le nostre teorie della realtà) da ciò che è esteriore (la realtà), distorcendo il valore cognitivo del dolore e trasformando la nostra vita in un percorso di grande sofferenza.

Possiamo distinguere tre modalità evolutive. La prima si fonda sulla sofferenza, quale conseguenza dell'identificazione con le nostre false teorie della realtà. La seconda, più avanzata, si fonda sulla possibilità di correggere le nostre false teorie tempestivamente, ogni volta che il segnale del dolore ce ne offre la possibilità. La terza, ancora più avanzata, è quella dell'autoricerca scientifica.

6. Scienza

La scienza è un'attività umana che si fonda sull'esperienza, il cui scopo è comprendere la realtà mediante la costruzione di teorie critiche in grado di spiegarla.

PUPILLO. Potresti parlarmi di questo terzo metodo, dell'*autoricerca scientifica*?

MENTORE. È un approccio che si fonda su una corretta comprensione e applicazione del cosiddetto *metodo scientifico*.

PUPILLO. Mi stai dicendo che gli uomini di scienza sono gli unici che al momento lo starebbero applicando?

MENTORE. Non è così purtroppo. Per strano che ti possa sembrare, sono pochi gli scienziati che possiedono una chiara comprensione di cosa significhi fare della vera scienza.

PUPILLO. Non sei un po' troppo drastico?

MENTORE. La mia è una semplice constatazione, che si fonda sul fatto che molti scienziati non hanno mai approfondito, nel corso della loro formazione, lo studio dei criteri che consentono di qualificare come scientifica una conoscenza, distinguendola da conoscenze solo apparentemente o potenzialmente scientifiche. Inoltre, la più parte degli uomini di scienza non ha ancora incominciato a trasformare la propria ricerca in *autoricerca*.

PUPILLO. Intendi dire che pur trattandosi di ricercatori di professione, non si preoccupano di rimettere in questione le loro credenze personali?

MENTORE. Esattamente, e questo spiega perché ancora oggi i loro programmi di ricerca si fondano su visoni miopi e fortemente conflittuali. Visioni che hanno prodotto un corpus di conoscenze frammentarie e incomplete, le cui applicazioni hanno trasformato questo bellissimo pianeta in una vera e propria discarica orbitante.

PUPILLO. Come possiamo migliorare le cose?

MENTORE. Diventando tutti dei provetti *autoricercatori*. Questo è il traguardo che tutti quanti prima o poi raggiungeremo: è solo una questione di tempo! Possiamo ritardare ancora un po' la presa di coscienza, ma arriverà il giorno in cui ci arrenderemo all'evidenza di ciò che realmente siamo.

PUPILLO. E cosa siamo?

MENTORE. Creatori di teorie della realtà, che incessantemente esplorano e rimodellano quel grande tutto di cui sono parte.

PUPILLO. Dunque, volenti o nolenti, siamo tutti degli apprendisti scienziati?

MENTORE. Proprio così. Tutti noi possediamo delle complesse teorie della realtà, per mezzo delle quali descriviamo, spieghiamo, valutiamo, traduciamo e prediciamo quei fenomeni che continuamente sperimentiamo. Teorie che usiamo come mappe per orientarci, agire e creare nella nostra vita. Quando usiamo il *primo metodo*, le nostre teorie mutano lentamente, meccanicamente, a causa dello scontro prolungato con l'inscalfibile realtà. Quando facciamo uso del *secondo metodo*, ci svegliamo da un lungo sonno e torniamo a reagire in modo tempestivo agli stimoli del dolore, correggendo la nostra visione distorta ogni qual volta si presenta l'occasione. Quando infine giungiamo al *terzo metodo*, siamo noi a prendere l'iniziativa, ad assumere un ruolo propriamente attivo in questo lungo processo di rettifica, approfondimento, ampliamento e affinamento delle nostre teorie.

PUPILLO. Stavo riflettendo: il primo metodo è di tipo passivo, il secondo è essenzialmente neutro, mentre il terzo è di tipo attivo, giusto?

MENTORE. Sì, con il terzo metodo raggiungiamo la piena efficienza evolutiva. Non aspettiamo più che sia la realtà a fornirci le occasioni di correggere le nostre teorie, ma siamo noi a creare le nostre opportunità di cambiamento, come scienziati che concepiscono autonomamente i propri esperimenti di laboratorio. In questo modo ci muoviamo ricercando attivamente, liberamente e sistematicamente tutti gli errori che si celano ancora nei nostri sistemi di credenza, generando un'impressionante accelerazione della nostra evoluzione coscienziale.

PUPILLO. E quale sarebbe il nostro laboratorio di ricerca?

MENTORE. L'intera realtà!

PUPILLO. Se ho capito bene, dovremmo trasformare la nostra vita in un immenso programma di ricerca, volto all'avanzamento delle nostre personali teorie della realtà.

MENTORE. Non è che dovremmo farlo, poiché di fatto già lo facciamo. Volenti o nolenti stiamo già esplorando il contenuto della nostra realtà, sebbene il più delle volte senza alcun criterio. Se però diveniamo consapevoli del nostro status di apprendisti scienziati, possiamo dotarci di metodi di ricerca più avanzati. E il metodo più avanzato oggi disponibile su questo pianeta è quello *scientifico*.

PUPILLO. Mi piacerebbe saperne di più sul metodo scientifico. Ho pochi e vaghi ricordi a riguardo.

MENTORE. È molto semplice. Innanzitutto, sai dirmi che cos'è la *scienza*?

PUPILLO. Be', è un'attività umana!

MENTORE. Su questo non ci sono dubbi. Gli animali ad esempio non fanno scienza, in quanto l'attività scientifica necessita di una mente intellettiva, che è ancora in forma embrionale nel regno animale. Che altro?

PUPILLO. La scienza, credo, è un'attività volta alla scoperta di verità dimostrabili, inconfutabili, dette per l'appunto verità scientifiche.

MENTORE. Questo è un luogo comune, che descrive esattamente ciò che la scienza non è. Infatti, la caratteristica distintiva della scienza non è la sua infallibilità, bensì l'opposto: la sua *fallibilità*!

PUPILLO. Un'affermazione davvero sorprendente. Spiegati meglio.

MENTORE. Andiamo per gradi. Per incominciare, il termine "scienza" ha origine dal latino *scire*, che significa *sapere*, o *conoscere*.

PUPILLO. La scienza, dunque, sarebbe un'attività umana il cui scopo è la conoscenza?

MENTORE. Sì, questa è una possibile definizione, sebbene un po' troppo vaga. Più precisamente, possiamo dire che la scienza è un'attività umana che si fonda sull'*esperienza*, il cui scopo primario è *capire* la realtà tramite l'elaborazione di *teorie* – dette *scientifiche* – in grado di *spiegarla*. Questa attività si avvale di un particolare metodo di natura *critica*: il *metodo scientifico*.

PUPILLO. Una gran bella definizione, non c'è che dire. Ma non c'ho capito molto. Potresti farmi un esempio?

MENTORE. D'accordo, per spiegarti cosa sono le teorie scientifiche, e in che modo si *evolvono* per mezzo del *metodo* (o ragionamento) *scientifico*, ti racconterò la storiella di un pollo[7].

PUPILLO. Un pollo? Non hai appena finito di dire che gli animali non fanno scienza?

MENTORE. Si tratta di un pollo antropomorfico, metaforico, rappresentativo dell'essere umano che cerca di comprendere le leggi che governano il mondo. Sei disposto ad immedesimarti per un momento in quel pollo?

---

[7] Si tratta del famoso pollo di *Bertrand Russel*, matematico, filosofo e logico inglese. Russel non il pollo!

PUPILLO. Se è proprio necessario.

MENTORE. Immagina che il contadino presso il quale tu vivi ti offra quotidianamente del buon cibo.

PUPILLO. Gnam gnam!

MENTORE. Supponi inoltre di essere dotato di un buono spirito di osservazione, grazie al quale hai potuto notare il ripetersi di questo stesso accadimento per dieci giorni consecutivi.

PUPILLO. Vuoi dire che per dieci giorni il contadino si è preoccupato di portarmi del cibo?

MENTORE. Proprio così. Ma poiché lui non è la mamma chioccia, che in precedenza ti aveva accudito e nutrito, il suo comportamento ti confronta con un *problema*.

PUPILLO. Quale problema?

MENTORE. Quello di riuscire a *spiegare* le ragioni del suo agire.

PUPILLO. Perché dovrei?

MENTORE. Perché dal suo comportamento può dipendere la tua stessa sopravvivenza, o semplicemente perché sei un pollo molto curioso. Come pensi di procedere?

PUPILLO. Penso che mi spremerei le meningi, cercando di figurarmi per quale ragione si comporta in quel modo.

MENTORE. E per farlo probabilmente collocherai i dati della tua osservazione in un quadro esplicativo più ampio, costituito da quell'insieme di idee e credenze a cui fai abitualmente riferimento, in quanto pollo, per spiegare la realtà.

PUPILLO. Intendi dire l'insieme delle mie teorie della realtà?

MENTORE. Sì, e più particolarmente quelle teorie che determinano la tua visione generale del mondo: un ampio quadro concettuale di riferimento, detto *paradigma*.

PUPILLO. E cosa dice il mio paradigma di pollo?

MENTORE. Ad esempio, che chi offre nutrimento è sempre animato da sentimenti benevoli. Partendo da questo assunto di carattere generale, potresti supporre che l'offerta quotidiana di cibo del contadino sia riconducibile a un'espressione di amore, come era il caso di mamma chioccia.

PUPILLO. La mia teoria sarebbe allora che il contadino mi vuole bene?

MENTORE. Esatto, e questo è proprio il tipo di spiegazione che stavi cercando. Ora sei in grado non solo di comprendere il comportamento del contadino, ma altresì di formulare delle *previsioni* sulla sua condotta futura. Hai qualche idea?

PUPILLO. Se mi vuole bene immagino che *ogni giorno* mi porterà del buon cibo.

MENTORE. Una previsione che consegue logicamente dalla spiegazione contenuta nella tua teoria. Supponi ora di ricevere per altri cinquanta giorni del cibo dal contadino. Cosa mi puoi dire a questo punto della tua teoria?

PUPILLO. Be', essendo che i nuovi cinquanta dati sperimentali, aggiuntisi ai dieci precedenti, sono in perfetto accordo con la mia previsione, dunque con l'assunto che il contadino mi ama, ritengo di poter concludere che, in qualche modo, la mia teoria sia stata *verificata*.

MENTORE. Vuoi dire che le nuove osservazioni avrebbero reso la tua teoria più vera?

PUPILLO. Sì, più affidabile, più probabile.

MENTORE. Purtroppo questa è un'opinione assai diffusa, ancora oggi insegnata in molti manuali scolastici. Ma si tratta di un grave errore di valutazione.

PUPILLO. Non capisco, che genere di errore?

MENTORE. Un errore legato alla falsa credenza nell'esistenza di un metodo sistematico e univoco per estrapolare dei dati sperimentali in teorie affidabili[8].

PUPILLO. Se quello che dici è vero, dovresti potermi dimostrare

---

[8] In epistemologia la questione è nota come *problema dell'induzione*, e fu risolta dal filosofo Karl Popper.

che ho commesso un errore.

MENTORE. Niente di più facile: basta aspettare il sessantunesimo giorno.

PUPILLO. Cosa accade di così importante il sessantunesimo giorno?

MENTORE. Ogni giorno, per sessanta giorni, il contadino ti ha portato del buon cibo. Ma il sessantunesimo giorno accade una cosa nuova: ti tira il collo!

PUPILLO. Lo sapevo che non avrei dovuto impersonare quel pollo! Ad ogni modo, questo cosa prova?

MENTORE. Che il maggior numero di osservazioni che hai accumulato a favore della tua teoria non ne hanno accresciuto il grado di veridicità.

PUPILLO. Questo perché alla fine si è dimostrata falsa?

MENTORE. Esattamente. Il sessantunesimo giorno ti sei dovuto confrontare con una nuova osservazione, che ha costituito un *esperimento critico* per la tua teoria.

PUPILLO. Non solo per la mia teoria, anche per il mio collo!

MENTORE. Hai ragione, ma essendo il pollo totalmente identificato nella sua falsa teoria, il contadino ha tirato il collo a entrambi.

PUPILLO. Non mi dirai adesso che il contadino lo ha fatto solo perché obbediva al principio di azione-reazione.

MENTORE. È proprio così. Con le sue teorie il pollo ha tentato di negare le reali motivazioni del contadino, che ovviamente erano ben diverse da quelle più amorevoli di mamma chioccia. Ecco perché ha ricevuto un contraccolpo dalla realtà, mediante l'esperimento critico del sessantunesimo giorno.

PUPILLO. Non credo di capire. Perché parli di contraccolpo? Che io sappia il contadino gli avrebbe tirato il collo comunque, indipendentemente dalle sue credenze.

MENTORE. Sei sicuro? Che cosa fa un pollo che crede

ciecamente nell'amore del suo padrone? Scappa alla prima occasione o rimane a saltabeccare beato nel suo recinto? Si nasconde ogni volta che intravede il contadino o gli corre fiducioso incontro in cerca di mangime?

PUPILLO. Ho capito, se il pollo non avesse creduto nella sua falsa teoria ora probabilmente sarebbe ancora vivo.

MENTORE. Purtroppo invece, con la sua falsa credenza ha negato le altre possibilità, e così la realtà (nelle vesti del contadino) ha reagito *falsificando* il suo credo, e parte del paradigma su cui faceva affidamento.

PUPILLO. Ora però, essendo morto, non avrà più la possibilità di correggere la sua teoria.

MENTORE. Magari lo farà in un'altra vita. Ad ogni modo, altri polli della fattoria, suoi compagni di ventura, potrebbero aver osservato l'esperimento critico e corretto il loro paradigma di riferimento.

PUPILLO. Più che compagni di ventura direi di sventura.

MENTORE. In effetti, ma dimmi: se tu fossi uno di loro, quale nuova teoria elaboreresti sul contadino?

PUPILLO. Non ho dubbi, la mia nuova teoria affermerebbe che i contadini sono esseri con spiccate tendenze pollicide!

MENTORE. Un buon tentativo di spiegazione, ma incompleto. La tua nuova teoria non spiega per quale ragione il contadino si diverte a nutrire i polli prima di ucciderli. In altre parole, sei ora confrontato con un nuovo problema: una mancanza di spiegazioni adeguate per il comportamento apparentemente paradossale del contadino, che prima ti nutre e ti accudisce, poi ti tira il collo.

PUPILLO. Immagino che per risolvere questo nuovo problema noi polli dovremmo elaborare teorie più avanzate.

MENTORE. Sì, spiegazioni più complesse, più articolate, in grado di risolvere l'apparente contraddizione nel comportamento del contadino. Possiamo ad esempio supporre che dopo un'intensa attività di ricerca due teorie concorrenti siano dibattute nella comunità dei polli. Secondo la prima, il contadino non ucciderebbe per istinto omicida, ma per soddisfare un bisogno alimentare, e se nutre i polli prima di ucciderli è perché deve obbedire a un comandamento del dio Pollastrel, che vieta agli umani di cibarsi di pennuti troppo giovani o troppo magri.

PUPILLO. Più che una teoria sembra una superstizione.

MENTORE. Noi umani ne coltiviamo di molto simili in alcune nostre credenze religiose.

PUPILLO. Hai ragione, forse non siamo molto più avanzati di questi polli. Ma dicevi che c'era un'altra teoria.

MENTORE. Un altro gruppo di polli, meno propensi alle facili idolatrie, ha elaborato la seguente spiegazione: i contadini uccidono i polli per cibarsene, e se prima li nutrono è perché da grassi diventano più gustosi, e c'è più carne da mangiare.

PUPILLO. Quest'altra teoria è simile alla precedente nella prima parte, ma propone una diversa spiegazione sul perché del nutrimento offerto dal contadino.

MENTORE. Esatto, e se le due teorie sono concorrenti è perché sono entrambe compatibili con quanto i polli hanno potuto osservare fino a quel momento.

PUPILLO. Però quella sul dio Pollastriel mi sembra un po' tirata per i capelli, cioè volevo dire per le piume! Quel dio nessuno lo ha mai incontrato.

MENTORE. Questo non significa che non possa esistere.

PUPILLO. D'accordo, però altri polli potrebbero inventarsi altre storie, anch'esse compatibili con i fatti osservati. Storie che invece di Pollastrel potrebbero contemplare altre entità inventate, che nessuno ha mai incontrato. Non c'è così il rischio di una moltiplicazione ad oltranza delle spiegazioni?

MENTORE. Il rischio è certamente reale, se non altro fintanto che i polli non decidono di assumere un atteggiamento più critico nei confronti delle loro teorie della realtà.

PUPILLO. Ci vorrebbe qualche nuovo esperimento, per determinare quale delle due teorie sia quella giusta.

MENTORE. Non quella giusta, ma quella sbagliata. Purtroppo, a causa della loro condizione, i polli non hanno facile accesso a nuovi dati sperimentali per risolvere il contenzioso tra le due teorie concorrenti.

PUPILLO. Se il dio Pollastrel si manifestasse...

MENTORE. Già, ma a quanto pare non lo ha fatto, e probabilmente non lo farà mai.

PUPILLO. Non potrebbero semplicemente chiedere al contadino perché fa quello che fa?

MENTORE. È un'idea, ma a causa di un ovvio problema linguistico, non credo che la comunicazione sarebbe molto facile.

PUPILLO. Cos'altro possono fare?

MENTORE. Possono ragionare e discutere tra loro, in modo critico. Così facendo, i più svegli potrebbero realizzare che è perfettamente inutile e controproducente moltiplicare le spiegazioni ad oltranza, poiché in questo modo si moltiplicano anche i problemi.

PUPILLO. In che senso si moltiplicano i problemi?

MENTORE. La teoria che fa intervenire il dio Pollastrel, pur risolvendo un problema ne crea ex-novo un'altro, ancora più grande. Infatti, pur spiegando le ragioni del comportamento del contadino, bisogna ora spiegare le ragioni del comportamento di Pollastrel. Perché fa quello che fa? Cambierà mai idea? Non è che un ipotetico dio degli uomini, Umanel, verrà un giorno a divorare Pollastrel, cosicché in futuro anche i pulcini diverranno cibo per gli umani?

PUPILLO. Capisco, la realtà dei polli si complica a dismisura con la teoria di Pollastrel.

MENTORE. Questa complicazione non è però assolutamente

necessaria. La seconda teoria, che considera che più un pollo è grasso e più è in grado di sfamare un umano, spiega in modo altrettanto esauriente il comportamento del contadino, senza il bisogno di introdurre nuove entità immaginarie.

PUPILLO. Quindi, a meno che non emergano delle evidenze a favore dell'esistenza di Pollastrel, i polli finiranno tutti con l'adottare questa seconda teoria?

MENTORE. Sì, poiché è l'unica in grado di sopravvivere a una seria *critica razionale*, potendo spiegare i fenomeni osservati con la dovuta semplicità, coerenza e senza il bisogno di inventare nuove entità ad hoc, di cui non si sa assolutamente nulla e di cui pertanto sarebbe meglio non parlare. C'è comunque da aspettarsi che il processo non sia immediato, né tanto meno indolore. I sacerdoti pollastrelliani potrebbero non essere così arrendevoli nell'abbandonare le loro credenze e tutti i privilegi che ne conseguono. Ad ogni modo, lasciamo che siano i polli a farsi carico della modernizzazione delle loro credenze o, per meglio dire, del loro processo di *ricerca scientifica*.

PUPILLO. Pensavo che la ricerca scientifica fosse qualcosa di più complesso.

MENTORE. Non lo è. Il processo di indagine scientifica comincia sempre da un *problema* che si desidera risolvere, costituito da un insieme di idee (credenze, teorie, paradigmi) che si ritengono inadeguate nello spiegare i fenomeni osservati e che si vuole sostituire con idee più appropriate, vale a dire con teorie più avanzate. In altre parole, la ricerca scientifica è un processo orientato alla risoluzione di problemi, o *problem-solving*, come direbbero gli anglosassoni.

PUPILLO. Se ho inteso correttamente, il motore della ricerca scientifica sarebbe sempre un problema dovuto a una mancanza di spiegazioni.

MENTORE. Una mancanza di spiegazioni, o più semplicemente la presenza di spiegazioni insufficienti, incomplete, inadeguate. Stimolati da questo vuoto cognitivo gli scienziati propongono nuove teorie, cioè nuove spiegazioni, più complete e meglio articolate. Delle nuove *congetture* che verranno messe alla prova per mezzo di nuovi esperimenti critici.

PUPILLO. Perché *critici*?

MENTORE. L'aggettivo "critico" ha origine dal greco *kritikós*, che a sua volta deriva da *krísis* (crisi) che significa *scelta*. Un esperimento critico è dunque un test che mettendo a confronto con la realtà le diverse teorie concorrenti, permette di operare una scelta.

PUPILLO. La quale, immagino, cadrà sulla teoria che meglio si accorda ai fatti sperimentali.

MENTORE. Esattamente, dacché le teorie scientifiche oltre a dover superare test di natura logico-razionale, che ne valutano il grado di consistenza e il potere esplicativo, devono altresì trovare *conferma* nei test sperimentali, di natura pratica.

PUPILLO. Conferma ma non dimostrazione, giusto?

MENTORE. Giusto. Le teorie scientifiche sono *verità relative d'avanguardia*: la loro validità è sempre e solo provvisoria!

PUPILLO. Perché la famosa prova scientifica non esisterebbe.

MENTORE. Confermare non significa provare.

PUPILLO. Spesso però sui giornali si legge che una certa teoria è stata provata scientificamente.

MENTORE. Questo dimostra che molti giornalisti, in compagnia di altrettanti scienziati, non hanno studiato a sufficienza l'essenza del processo scientifico.

PUPILLO. Eppure, basterebbe raccontargli la storiella del pollo: capirebbero subito che per quante volte un contadino ti confermi il suo affetto portandoti del buon cibo, questo non dimostra che ti amerà per sempre.

MENTORE. Come evidenziato dal fatto che a causa della sua falsa teoria il pollo finisce col perdere la testa!

PUPILLO. Dopo cosa succede? Quando i test critici hanno

permesso di scegliere la teoria o le teorie vincenti, il processo si arresta?

MENTORE. Ovviamente no. La scelta è sempre e comunque temporanea. Nuove teorie ancora più avanzate immancabilmente si presenteranno, con l'ambizione di spiegare ancora meglio e in modo più approfondito la realtà. Si tratta di un processo che fino a prova del contrario non avrà fine. Tra l'altro, non so se ci hai fatto caso, ma quello che abbiamo descritto è in tutto e per tutto paragonabile a un processo di tipo evolutivo, guidato da un principio di selezione naturale.

PUPILLO. E quali sarebbero gli organismi in evoluzione?

MENTORE. Le teorie scientifiche.

PUPILLO. Vuoi dire che le teorie scientifiche sarebbero soggette a variazioni e selezioni simili a quelle dell'evoluzione biologica degli organismi?

MENTORE. Le teorie scientifiche altro non sono che *complessi organici di conoscenze* che esprimono le nostre migliori spiegazioni della realtà. In quanto organismi, devono confrontarsi e adattarsi all'ambiente circostante, che è esattamente quella realtà che tentano di abbracciare.

PUPILLO. E questo confronto evolutivo tra teorie e realtà avverrebbe per mezzo di test di natura critica?

MENTORE. Sì, esperienze significative capaci di mettere in evidenza eventuali incompatibilità.

PUPILLO. Cioè quegli aspetti di una teoria che negherebbero la realtà?

MENTORE. Vedo che hai capito. I test critici (sia pratici che logico-razionali) formano una sorta di filtro che le diverse strutture teoriche devono attraversare per potersi evolvere. Quelle che pervengono ad attraversare il filtro sopravvivono e mutano in teorie più avanzate. Le altre invece, quelle irrimediabilmente false o difficilmente emendabili, finiscono con l'estinguersi.

PUPILLO. Proprio come gli organismi viventi!

MENTORE. Non si tratta di una mera coincidenza. Come ti ho già accennato, il nostro organismo biologico è un'entità di tipo cognitivo che si evolve scambiando continuamente informazione con l'esterno e adattando di conseguenza la propria struttura, vale a dire la propria teoria della realtà.

PUPILLO. Per questo ti sei spinto fino a dire che l'intero corpo fisico è eguagliabile a una mente?

MENTORE. Esatto, una mente fisica che a sua volta è parte di una mente più vasta, che abbraccia dimensioni di natura emozionale e intellettiva. Un vasto e complesso costrutto multidimensionale in continua evoluzione, a cui possiamo dare il nome di *oloteoria*[9].

---

[9] Il prefisso greco "olo" significa "tutto".

SINTESI DEL CAPITOLO

La scienza è un'attività umana che si fonda sull'esperienza, il cui scopo è capire la realtà tramite l'elaborazione di teorie in grado di spiegarla. Per farlo, si avvale di un metodo di natura critica, detto metodo scientifico.

Il motore della ricerca scientifica è sempre un problema costituito da una mancanza di spiegazioni.

Le teorie scientifiche sono verità relative d'avanguardia: la loro validità è sempre e solo provvisoria.

Non esiste la cosiddetta prova scientifica.

Le teorie scientifiche sono soggette a variazioni e selezioni simili a quelle dell'evoluzione biologica degli organismi.

Le teorie scientifiche sono complessi organici di conoscenze che riproducono le nostre migliori spiegazioni della realtà.

I test critici, sia sperimentali che logico-razionali, costituiscono una sorta di filtro che le teorie devono attraversare per potersi evolvere.

Il nostro organismo biologico è paragonabile a un'entità di tipo cognitivo: una mente che si evolve scambiando informazione con l'esterno e adattando di conseguenza la propria struttura.

La nostra mente fisica è parte di una mente più vasta, che abbraccia dimensioni di natura emozionale e intellettiva: un vasto costrutto multidimensionale costantemente in evoluzione, detto oloteoria.

7. HS³

Se non promuoviamo l'investigazione delle nostre teorie della realtà, immancabilmente sarà la realtà a farlo, con effetti assai meno piacevoli.

PUPILLO. Quello che mi hai appena descritto sarebbe il cosiddetto processo di ricerca scientifica?

MENTORE. Sì, il processo di evoluzione delle nostre teorie della realtà, regolato da un avanzato meccanismo evolutivo di natura *critica*, che impiega strumenti sia sperimentali che razionali, con lo scopo di individuare ed eliminare le teorie che mal si adattano alla realtà (poiché la negano) e rimpiazzarle con teorie più compatibili, più avanzate, se non altro fino a nuova prova del contrario.

PUPILLO. E in tal senso il metodo scientifico sarebbe simile al meccanismo di selezione naturale, nell'evoluzione degli organismi viventi?

MENTORE. Per l'appunto.

PUPILLO. Ma se questo è vero, allora anche un cane sta applicando, a modo suo, il metodo scientifico, poiché anche un cane sta evolvendo le proprie teorie della realtà, attraverso un meccanismo di adattamento all'ambiente esteriore.

MENTORE. Hai ragione, un cane usa il dolore come strumento cognitivo per adattarsi alla realtà. Ogni volta che percepisce un disagio, istintivamente reagisce, correggendo automaticamente le proprie teorie della realtà.

PUPILLO. Quindi il dolore sarebbe per lui l'equivalente di un test critico?

MENTORE. Il dolore è la risposta sensoriale che riceve come risultato di un test critico che gli consente di evidenziare un'incompatibilità tra la sua oloteoria e la realtà. Grazie alla risposta del dolore il cane può armonizzarsi in modo efficace con il suo ambiente, correggendo mano a mano i suoi errori di interpretazione. Un cane però non promuove in modo consapevole le sue sperimentazioni critiche: la sua evoluzione è del tutto meccanica e reattiva. Uno scienziato invece, a differenza di un cane, oltre a fare uso della critica logico-razionale è anche in grado di progettare e attuare in modo consapevole i propri test. Si può quindi affermare che la differenza essenziale tra un cane e uno scienziato risiede nel fatto che il primo applica passivamente, inconsapevolmente e parzialmente il metodo scientifico, mentre il secondo lo applica in modo attivo e del tutto consapevole.

PUPILLO. Oltre che completo.

MENTORE. No, questo no. Lo scienziato, come il cane, applica il metodo scientifico in modo parziale, incompleto.

PUPILLO. Che intendi dire?

MENTORE. Ricordi i tre metodi evolutivi?

PUPILLO. Sicuro: il primo si fonda sulla sofferenza, il secondo sul dolore e il terzo… com'è che era?

MENTORE. Il terzo metodo si fonda anch'esso sul dolore, ma con una modalità attiva.

PUPILLO. Ah sì, l'essenza del terzo metodo è di cercare la verità in modo attivo, anziché in modo passivo come nel primo metodo, o in modo neutro come nel secondo.

MENTORE. Permettimi di correggerti: non si tratta di cercare la verità, ma piuttosto la *falsità*.

PUPILLO. E la verità cosa sarebbe?

MENTORE. Non so dirti cosa sia la verità. So invece cos'è una *verità relativa*.

PUPILLO. E cioè?

MENTORE. Una verità relativa è una teoria che costituisce la migliore spiegazione disponibile (o una delle migliori spiegazioni disponibili, nel caso coesistano più teorie) per quel dato insieme di fenomeni a cui la teoria fa riferimento.

PUPILLO. Non potremmo allora affermare che la verità assoluta, non relativa, sia la realtà tutta?

MENTORE. Potremmo farlo, ma non faremmo altro che definire un perfetto sinonimo della parola "verità", senza nulla aggiungere alla nostra comprensione di cosa essa sia.

PUPILLO. Col tempo però le nostre teorie della realtà, evolvendosi, abbracceranno porzioni sempre più ampie del reale. Non potremmo allora ipotizzare che finiranno tutte col convergere verso un'immensa oloteoria finale, una spiegazione fedele e articolata della realtà tutta, che per definizione sarebbe la verità?

MENTORE. Naturalmente, è lecito definire tutto ciò che si vuole. Nulla però ci garantisce che un'oloteoria finale isomorfa alla realtà tutta potrà mai essere costruita. Si tratta di un problema di coerenza e convergenza davvero complesso! Ad ogni modo, ciò che davvero importa è che possiamo progredire nella nostra scoperta di verità relative sempre più avanzate, mediante un processo sistematico di *doppia negazione*, ossia negando quelle teorie che negano la realtà. E questa è l'essenza del processo scientifico-evolutivo.

PUPILLO. Tornando al paragone tra il cane e lo scienziato, è corretto affermare che lo scienziato sta applicando una versione più avanzata del metodo scientifico rispetto a quella del cane?

MENTORE. In un certo senso sì, poiché la sua indagine è non solo attiva, ma altresì consapevole.

PUPILLO. Però hai anche detto che, similmente al cane, lo scienziato non applica il metodo scientifico in modo completo.

MENTORE. Applicare il metodo scientifico in modo completo significa applicare il terzo metodo evolutivo, cosa che uno scienziato della nostra era abitualmente non fa.

PUPILLO. E cosa fa?

MENTORE. Come la maggioranza degli *Homo sapiens sapiens*, applica prevalentemente il primo metodo.

PUPILLO. Come puoi affermare una cosa del genere?

MENTORE. Ti ricordo che la maggioranza degli scienziati di questo pianeta soffre.

PUPILLO. Questo è vero, soffrono nella loro vita come la maggioranza delle persone.

MENTORE. E se soffrono allora stanno ancora praticando il primo metodo.

PUPILLO. Se ho capito bene, quello che mancherebbe agli scienziati moderni è il riconoscimento del *ruolo critico del dolore*.

MENTORE. Proprio così. Gli scienziati moderni sono in grado di promuovere in modo attivo e consapevole ricerche molto specifiche e avanzate, ma non hanno ancora saputo dare impulso a una vera e propria indagine a trecentosessanta gradi. Avendo smarrito per strada lo strumento critico del dolore, la loro ricerca scientifica non si è ancora trasformata in *autoricerca scientifica*.

PUPILLO. Secondo te cosa dovrebbero fare?

MENTORE. Non *dovrebbero* fare nulla, ma sicuramente *potrebbero* fare qualcosa. Come ad esempio riannettere il test del dolore all'artiglieria dei loro strumenti cognitivi. Il test del dolore è infatti l'unico in grado di rilevare con efficienza ed efficacia la presenza di false teorie della realtà. Solo quando questo potente strumento critico tornerà ad essere pienamente operativo (ma a differenza di un cane in modo perfettamente consapevole) potremo affermare che un ricercatore sta applicando il terzo metodo evolutivo, quello dell'*autoricerca scientifica*. Un metodo la cui pratica condurrà a una graduale e sistematica eliminazione della sofferenza dalla vita di ogni individuo di questo pianeta.

PUPILLO. Stai parlando di porre fine alla sofferenza, ho capito bene?

MENTORE. Hai capito perfettamente. L'uomo che oltre a sapere sa anche di sapere è il cosiddetto Homo sapiens sapiens. Ma sapere di sapere non è sufficiente, perché come sai c'è sapere e sapere!

PUPILLO. Alcuni saperi essendo migliori di altri?

MENTORE. Non migliori nel senso di un giudizio di valore, ma semplicemente più avanzati, più evoluti, maggiormente compatibili con la realtà.

PUPILLO. Oltre a "sapere di sapere" sarebbe quindi desiderabile "sapere di sapere il sapere più avanzato"!

MENTORE. Esatto. E colui che sa di sapere il sapere più avanzato potremmo classificarlo come *Homo sapiens sapiens sapiens* – un triplo sapiens! – o meglio ancora come *Homo sapiens sapiens scientificus*.[10]

PUPILLO. Che potremmo anagrammare in Hs^3.

MENTORE. Ottima idea.

PUPILLO. Ma come fa l'Hs^3 a sapere che il suo sapere è il più avanzato?

MENTORE. Lo sa perché ha svolto un'indagine critica e autocritica della realtà, che gli ha permesso di adottare, sulla base dei più avanzati criteri di scientificità, quelle che sono le verità relative d'avanguardia. In altre parole, grazie alla sua ricerca ed autoricerca scientifica, è in grado di stabilire con ragionevole certezza che la sua conoscenza è la più avanzata tra quelle attualmente disponibili.

PUPILLO. Dunque l'Hs^3, a differenza del semplice Hs^2, farebbe pienamente uso del metodo scientifico?

---

[10] Naturalmente, stiamo qui usando in modo molto libero e creativo l'abituale classificazione scientifica.

MENTORE. Sì, poiché ha annesso alle sue variabili critiche quella fondamentale del dolore. Con questa semplice aggiunta lo strumento della sofferenza, il cosiddetto primo metodo, diventa del tutto obsoleto per l'Hs^3.

PUPILLO. Faccio fatica a immaginare una vita senza sofferenza, per non parlare di un mondo senza sofferenza!

MENTORE. Un mondo senza sofferenza è un mondo popolato da coscienze mature in grado di padroneggiare in modo lucido e critico la propria evoluzione.

PUPILLO. Un bel traguardo.

MENTORE. Non è poi così lontano. Non ci manca nulla per poter spiccare il prossimo salto evolutivo e aggiungere una piccola "s" al nostro acronimo.

PUPILLO. Se non ci manca nulla perché non lo facciamo?

MENTORE. Alcuni lo stanno già facendo.

PUPILLO. E chi sarebbero?

MENTORE. Gente qualunque, che non possiede necessariamente uno specifico pedigree scientifico. Gente che ha sofferto a sufficienza e ora desidera una conoscenza più progredita. Gente che vuole responsabilizzarsi e capire come funziona il proprio rapporto con la realtà. Gente come te e me!

SINTESI DEL CAPITOLO

Per un mancato riconoscimento del ruolo critico del dolore, gli scienziati moderni (salvo eccezioni) non hanno ancora trasformato la loro ricerca in autoricerca. Questo spiega perché soffrono nella loro vita come la maggior parte delle persone.

Solo riappropriandoci dello strumento critico del dolore possiamo praticare il più avanzato metodo dell'autoricerca scientifica, il quale, inevitabilmente, ci condurrà a una graduale e sistematica eliminazione della sofferenza dalla nostra vita.

Un autoricercatore è una coscienza lucida che ricerca attivamente, liberamente e sistematicamente tutti gli errori che si celano nei propri sistemi di credenza.

8. CRITERI

Ogni affermazione sulla realtà che per sua stessa costruzione non può essere smentita è una teoria irrimediabilmente non scientifica.

PUPILLO. Sono perplesso. Ho l'impressione che qualsiasi teoria che sia in accordo con la realtà, nel senso che non la neghi in modo evidente, sia di fatto una teoria scientifica, se non altro fino a prova del contrario.

MENTORE. Questo è un punto che forse non abbiamo chiarito a sufficienza. Pur non essendo necessariamente scientifica, una teoria che non nega manifestamente la realtà è ciò nondimeno *potenzialmente scientifica*. Questo perché, *strictu sensu*, non è possibile escludere che un giorno non lo diventi.

PUPILLO. Che cosa succede quando una teoria passa dallo status di potenzialmente scientifica a quello di pienamente scientifica: diventa più vera?

MENTORE. Le teorie non diventano mai più vere. Come ho cercato di spiegarti, non esiste in scienza un processo di verificazione, ma unicamente un processo di falsificazione, o di conferma temporanea.

PUPILLO. Allora cosa distingue una teoria scientifica da una teoria solo potenzialmente scientifica?

MENTORE. L'aver superato con successo un certo numero di test che si fondano su dei *criteri di scientificità*.

PUPILLO. Che sarebbero?

MENTORE. Non c'è unanimità tra scienziati e filosofi sul

numero e la natura dei criteri che consentono di demarcare un sapere scientifico da un sapere solo potenzialmente scientifico. Ma i più importanti sono senz'altro condivisi dalla maggioranza dei teorici della scienza.

PUPILLO. Qual sarebbe secondo te il più rilevante?

MENTORE. L'*apertura alla critica*, in senso lato. Una teoria, per dirsi scientifica, deve essere criticabile sia per mezzo di ragionamenti, argomentazioni, riflessioni, analisi e discussioni (critica logico-razionale), sia tramite un confronto delle sue previsioni con i dati empirici (critica sperimentale). Le teorie scientifiche sono infatti sistemi che per evolversi devono aprirsi a un confronto dialettico con la realtà e rendersi vulnerabili al processo di *falsificazione*.

PUPILLO. Potresti farmi un esempio di teoria non aperta alla critica.

MENTORE. Evidentemente tutte le teorie sono, di per sé, aperte a alla critica logico-razionale, sebbene a seconda del contesto storico-geografico tale esercizio potrebbe risultare alquanto delicato, se non addirittura impossibile. Ma a prescindere dai tentativi di oppressione del pensiero critico (purtroppo sempre di attualità su questo pianeta), non tutte le teorie sono necessariamente aperte alla critica di tipo sperimentale. Ad esempio, ogni affermazione sulla realtà che per sua stessa costruzione non può essere smentita è una teoria sperimentalmente non criticabile, non falsificabile, e in tal senso irrimediabilmente non scientifica. Un caso tipico è quello del *solipsismo*, che afferma che tutto ciò che un individuo sperimenta è una mera proiezione della sua mente intellettiva. Secondo questa teoria, tu non avresti un'esistenza autonoma, ma saresti unicamente un prodotto dei miei pensieri.

PUPILLO. Ti assicuro che io esisto.

MENTORE. No, sei solo una mia proiezione che afferma di esistere. Non esisti realmente al di fuori di me, al di fuori della mia mente pensante.

PUPILLO. Capisco, difficilmente una teoria del genere potrà mai essere smentita.

MENTORE. Non la si può falsificare per mezzo di test sperimentali, ma la si può comunque escludere. Non perché manifestamente falsa, ma perché manifestamente inadeguata nello *spiegare* la realtà.

PUPILLO. Inadeguata in che senso?

MENTORE. Nel senso che non dice per quale ragione tu, che sei una mera proiezione della mia mente, ti comporti come se non lo fossi. La teoria solipsista è una sorta di sovrastruttura che non aggiunge nulla di più alla nostra comprensione del reale. Va dunque scartata in quanto non soddisfa uno dei criteri più importanti di scientificità: quello del *potere esplicativo*. Per dirsi scientifica una teoria deve poter *spiegare* nel modo più completo e preciso possibile i dati dell'osservazione.

PUPILLO. Mi faresti un altro esempio di teoria che manca di potere esplicativo?

MENTORE. Il *materialismo*.

PUPILLO. Questa è bella, ho sempre pensato che il materialismo costituisse il fondamento stesso del sapere scientifico.

MENTORE. Un fondamento davvero traballante. Il materialismo, inteso nella sua accezione abituale, non è assolutamente in grado di spiegare la natura multidimensionale della realtà che sperimentiamo, sia a livello personale che nei laboratori. Ma si tratta di un vasto argomento di cui, se sei d'accordo, parleremo in un'altra occasione.

PUPILLO. D'accordo. Dunque le teorie scientifiche sono tali poiché aperte alla critica, sia razionale che sperimentale (falsificabilità), e possiedono sufficiente potere esplicativo.

MENTORE. Esatto. Vorrei però sottolineare che per quanto quello della falsificabilità sia uno dei criteri fondamentali di scientificità, la richiesta di possedere sufficiente potere esplicativo non è certo da meno. Molte teorie vengono scartate non perché incompatibili con i dati sperimentali, ma semplicemente perché troppo povere in termini di contenuti cognitivi. In altre parole, vengono scartate perché non spiegano un gran ché!

PUPILLO. Mi faresti un altro esempio?

MENTORE. Secondo una mia personale teoria, il modo migliore per farsi passare un'emicrania è quello di lanciarsi con un paracadute da un'altezza di esattamente 3500 metri, subito dopo aver mangiato quattro fette abbondanti di una qualsiasi torta alle mele. Che ne pensi, si tratta di una teoria scientifica?

PUPILLO. Mi sembra una gran stupidaggine.

MENTORE. Eppure, la mia teoria è decisamente aperta alla critica sperimentale e, che io sappia, ad oggi nessuno è riuscito a falsificarla.

PUPILLO. Chi vuoi che si prenda la briga di sottoporre la tua teoria a un test? Non ha alcun senso!

MENTORE. Non so dirti se abbia senso o meno. Secondo me potrebbe anche funzionare.

PUPILLO. Perché mai?

MENTORE. È questo il punto: non lo so! Ed è proprio per questo che nessuno sperimenta la mia teoria.

PUPILLO. Perché non contiene spiegazioni?

MENTORE. Esatto. La mia teoria fa una certa previsione, ma non dice nulla sul perché della previsione. Per questo ogni scienziato che si rispetti la scarterà, giudicandola (se non altro temporaneamente) come non scientifica e quindi immeritevole di ulteriori indagini.

PUPILLO. Altrimenti rischiamo di perdere tutto il nostro tempo mettendo alla prova ogni sorta di stupidaggine.

MENTORE. Sì, abbiamo di meglio da fare.

PUPILLO. In sostanza, la tua teoria verrebbe scartata perché non regge a una seria critica razionale.

MENTORE. Sì, la falsificabilità non è sufficiente per conferire a una teoria l'appellativo di scientifica. Per meritarselo deve anche essere in grado di spiegare la realtà. Le previsioni sprovviste di spiegazioni sono teorie senza fondamento, che razionalmente parlando non possiamo far altro che scartare.

PUPILLO. Sebbene le previsioni siano corrette?

MENTORE. Per quale ragione dovremmo appesantire il nostro bagaglio cognitivo con previsioni senza fondamento? Di certo non ci aiutano a comprendere la realtà, né a relazionarci con essa in modo più armonico. Le previsioni senza fondamento hanno un nome: *superstizioni*.

PUPILLO. Potresti farmi un altro esempio di teoria pseudoscientifica, senza fondamento?

MENTORE. C'è una teoria che afferma che tutti gli smeraldi della terra sono di colore *verdosso*, ossia sono *verdi* sino al *1° gennaio 2087*, ma dopo quella data diventeranno tutti *rossi*.

PUPILLO. Mi sembra insostenibile.

MENTORE. Perché?

PUPILLO. Perché è ovviamente falsa.

MENTORE. Questo non lo puoi affermare. Tutti i dati sperimentali oggi a nostra disposizione – e ti assicuro che sono numerosi – confermano immancabilmente la validità della teoria. Tutti gli smeraldi della terra sono infatti di colore verdosso, fino a prova del contrario.

PUPILLO. Ma sono anche verdi!

MENTORE. Hai ragione, ci sono due teorie concorrenti: una che afferma che gli smeraldi sono verdossi e l'altra che sono verdi. Entrambe sono confermate esattamente dagli stessi dati sperimentali.

PUPILLO. Ma la teoria degli smeraldi verdossi non può essere vera!

MENTORE. Nessuna teoria lo è mai.

PUPILLO. Voglio dire: è sicuramente falsa!

MENTORE. Questo non puoi dirlo, non ancora almeno. A rigor di logica, la teoria potrà essere falsificata solo nel 2087. Nel frattempo che cosa facciamo: la insegniamo nelle scuole come teoria alternativa?

PUPILLO. Sarebbe irresponsabile.

MENTORE. Perché?

PUPILLO. Perché quello che dice non è plausibile.

MENTORE. Perché non lo sarebbe?

PUPILLO. Non ho mai visto uno smeraldo cambiare di colpo colore e a maggior ragione non vedo come potrebbero farlo tutti gli smeraldi della terra, nello stesso istante. Inoltre, perché nel 2087 e non nel 2088? No, non conosco ragioni per credere a questa teoria.

MENTORE. Questo è il punto: *non ci sono ragioni*. Pur essendo compatibile con i dati della nostra esperienza del reale, la teoria non spiega nulla sulle sue previsioni. Le quali, tra l'altro, costituirebbero un'inspiegabile e drammatica anomalia rispetto alle nostre conoscenze della fisica dei cristalli, e più generalmente della fisica in quanto tale. Una teoria scientifica che si rispetti deve sempre partire da dalle spiegazioni, e da queste derivare le sue previsioni. In altre parole, le previsioni devono sempre conseguire dalle spiegazioni.

PUPILLO. Altrimenti chiunque potrebbe affermare qualsiasi cosa!

MENTORE. Esattamente. Purtroppo, sin dalla nostra infanzia veniamo bombardati da messaggi sulla realtà che sono in tutto e per tutto equiparabili a delle superstizioni, ossia a delle teorie totalmente sprovviste di potere esplicativo. Queste pseudoteorie, proprio perché difficilmente falsificabili sotto il profilo sperimentale, finiscono con il condizionare le nostre vite e oscurare la nostra capacità di esplorazione critica del reale. Eppure, già sin dai primi anni di vita noi umani siamo portati a esprimere il nostro senso critico nei confronti di tutto quanto ancora non conosciamo e desideriamo comprendere. Non è forse tipico dei bambini "assillare" gli adulti con una semplice quanto incisiva domanda: *"Perché?"*.

PUPILLO. La cosiddetta *età dei perché*!

MENTORE. Un'età che potrebbe non avere mai fine. Purtroppo, l'interrogazione spontanea e spontaneamente critica dei bambini viene spesso troncata sul nascere. Non è raro infatti udire un adulto spazientito, o addirittura irritato, chiudere la bocca a un bambino con un "Perché è così!". Ma rispondendo in questo modo l'adulto nega la realtà, o meglio tenta di negarla.

PUPILLO. A quale realtà ti riferisci?

MENTORE. A quella espressa dall'intelligenza del bambino. Un'intelligenza ancora incondizionata, in pieno contatto con il reale, se così si può dire. Ma poiché la realtà non si lascia negare, il bambino (che è parte della realtà dell'adulto) prontamente lo rincalza, mitragliandolo con scariche di nuovi e sempre più aggressivi "Perché?".

PUPILLO. Però alla fine i "Perché?" cessano.

MENTORE. Per questioni di sopravvivenza il bambino si adegua al livello di ignoranza famigliare. Un bambino non è un adulto. Non è in grado di affrontare l'ambiente in cui vive senza la protezione dei genitori, o di chi ne fa le veci. Sa bene che è nel suo interesse, se desidera sopravvivere, armonizzarsi coi suoi protettori, evitando il più possibile ogni forma di conflitto esteriore. Ecco perché finisce con lo spegnere la sua impertinente curiosità, autoconvincendosi che i fatti della vita non necessitino di una spiegazione.

PUPILLO. In questo modo però nega a sua volta la realtà, negando la sua stessa intelligenza.

MENTORE. Questo è il prezzo che dovrà pagare per riuscire a sopravvivere, crescere e raggiungere la piena autonomia dell'età adulta. Fortunatamente, se così si può dire, il processo di negazione della propria intelligenza produrrà una crescente sofferenza che permetterà al bambino, una volta divenuto adulto, di risvegliarsi e tornare a porsi i suoi fondamentali e critici "Perché?".

PUPILLO. Aprendosi al processo dell'autoricerca scientifica?

MENTORE. Esattamente.

PUPILLO. Stavo pensando: un po' però è vero.

MENTORE. A cosa ti riferisci?

PUPILLO. Al fatto che le cose sono ciò che sono, e in quanto tali non necessitino di spiegazioni.

MENTORE. Vedi, quando osservi una qualsiasi entità puoi sempre evidenziare due livelli. Il primo è quello della *struttura*. Ad esempio, un tavolo è un'entità fisica la cui struttura è formata da un piano orizzontale sovrapposto a quattro elementi verticali, detti gambe. Quando descrivi la struttura di un tavolo puoi ovviamente affermare che essa è quello che è, semplicemente perché così è, ossia perché così sono i dati della tua osservazione. Ma quando un bambino si chiede "Perché il tavolo ha quattro gambe?", la sua domanda parte da un'osservazione che si sposta più in profondità, oltre la struttura manifesta del primo livello. Il bambino intuisce che nella realtà tutto cambia e che il tavolo non è solo una struttura, ma anche e soprattutto un *processo*. Per questo si chiede: "Che cosa ha dato forma a quel tavolo? Perché è stato creato con quattro gambe e non con tre, oppure con due? Perché è stato fabbricato con quel materiale?". Spiegare perché il tavolo, in quanto *struttura*, è quello che è, significa spiegare il *processo* da cui emerge l'entità tavolo, le leggi che lo governano, le circostanze che lo definiscono e via discorrendo. In altre parole, quando il bambino chiede "Perché il tavolo?", quello che sta realmente chiedendo è: "Qual è la più avanzata *teoria del tavolo* attualmente disponibile?".

PUPILLO. La prossima volta che un bambino mi chiederà qualcosa lo prenderò più sul serio.

MENTORE. Faresti meglio.

PUPILLO. Però, tornando al livello della struttura, sei d'accordo che i fatti sono fatti, e in quanto tali non richiedono spiegazioni, cioè teorie?

MENTORE. Si tratta di una questione delicata. Quando parliamo della realtà facciamo sempre uso di rappresentazioni mentali attraverso le quali elaboriamo i nostri dati sensoriali. In altre parole, comunichiamo agli altri e a noi stessi la realtà delle nostre esperienze sensibili attraverso un complesso costrutto cognitivo, fatto di elementi fisico-energetici, emozionali e intellettivi.

PUPILLO. Costrutto che tu hai battezzato oloteoria.

MENTORE. Giusto. Ma ora ti chiedo: come puoi distinguere un fatto dalla teoria che adotti per dare un senso, un significato, una collocazione a tale fatto nel tuo universo interiore?

PUPILLO. Non sono sicuro di capire la tua domanda. Sono perfettamente in grado di distinguere i fatti dalla loro interpretazione. Un fatto è una realtà oggettiva, indipendente dalle mie speculazioni, mentre la spiegazione di un fatto è una sorta di sovrastruttura che sovrappongo, per l'appunto, alla realtà dei fatti.

MENTORE. Se ho capito bene, secondo te esisterebbe una realtà oggettiva perfettamente distinguibile dalla realtà soggettiva, o meglio dalle innumerevoli realtà soggettive appartenenti alle diverse coscienze in evoluzione?

PUPILLO. Sì, la realtà oggettiva sarebbe quella relativa ai fatti, mentre le realtà soggettive sarebbero quelle relative all'interpretazione dei fatti, per mezzo di teorie.

MENTORE. Purtroppo, o forse fortunatamente, una siffatta distinzione tra fatti (intesi come dati empirici) e teorie (intese come spiegazioni di quei fatti) non può essere intesa che in termini relativi, e non certo assoluti. Le teorie non sono dissociabili dai fatti empirici a cui fanno riferimento e, allo stesso modo, i fatti non sono mai "fatti nudi e crudi", ma acquisiscono senso soltanto in relazione alle teorie di coloro che li sperimentano e li comunicano. In altre parole, i cosiddetti fatti sono sempre e comunque *enunciati carichi di teoria*.

PUPILLO. Vuoi dire che ogni nostra esperienza sarebbe "contaminata" dalle nostre teorie della realtà?

MENTORE. In una sua celebre frase lo scrittore Mark Twain afferma che per chi ha solo un martello prima o poi tutto inizia ad assomigliare a un chiodo. Le nostre teorie della realtà sono esattamente questo: *strumenti* che noi coscienze impieghiamo per manifestarci e sperimentare la realtà di cui siamo parte. Le impressioni che deriviamo dalla nostra interazione con il reale cambiano inevitabilmente a seconda dello strumento che usiamo, ossia del tipo di teoria che adottiamo per manifestare tale interazione. Questo perché siamo entità cognitive che si manifestano nella realtà attraverso una complessa oloteoria, resa manifesta dal nostro stesso corpomente. Ma la nostra oloteoria non è solo una matrice multidimensionale di spiegazioni e significati che ci consente di interpretare i dati delle nostre esperienze: *la nostra oloteoria è il veicolo stesso delle nostre esperienze.*

PUPILLO. Un esempio concreto mi aiuterebbe.

MENTORE. Considera due coscienze i cui veicoli fisici sono equipaggiati di sensori visivi differenti. Il veicolo della prima coscienza possiede fotorecettori di un solo tipo, che gli consentono una visione monocromatica, in bianco e nero. Il veicolo della seconda coscienza possiede invece diverse tipologie di fotorecettori, che gli consentono una visione policromatica, a colori. I due veicoli sono la manifestazione di due distinte "teorie del colore". Una teoria monocromatica per il primo veicolo e una teoria policromatica per il secondo. Per la coscienza proprietaria del primo veicolo le foglie e il tronco di un albero, ad esempio, hanno tipicamente lo stesso colore, e questa osservazione costituisce per lei un fatto innegabile. Per la coscienza proprietaria del secondo veicolo è invece un fatto innegabile che foglie e tronchi possiedono cromie distinguibili. In altre parole, pur interagendo con la stessa entità – la radiazione luminosa in provenienza dall'albero – le due coscienze hanno accesso a dati empirici differenti, ossia a fatti (o fenomeni) differenti.

Pupillo. Ma allora che cosa sarebbe la realtà oggettiva?

Mentore. La realtà oggettiva, se così la vuoi chiamare, è un'entità malleabile, in grado di sposare i diversi punti di vista delle coscienze in evoluzione. Un'entità la cui natura è intrinsecamente *teoricopratica*, non essendo possibile distinguere, in ultima analisi, la teoria dalla pratica.

Pupillo. Ma non possiamo semplicemente affermare che le coscienze *filtrano* la realtà oggettiva per mezzo dei loro veicoli di manifestazione? Non è esattamente quello che accade con i fotorecettori del tuo esempio? La coscienza che possiede un solo tipo di fotorecettore filtra la realtà in modo più grossolano rispetto alla coscienza che possiede molteplici fotorecettori.

Mentore. Dimmi: questa realtà oggettiva che le due coscienze filtrano per mezzo dei loro sistemi ottici, di che colore è? O meglio: quanti sono i colori della realtà?

Pupillo. Un'infinità credo, anche se i nostri occhi ne distinguono solo alcuni.

Mentore. Sì, l'occhio fisico umano è in grado di distinguere solo alcune centinaia di colori diversi. Ma come fai a sapere che i colori che i nostri occhi non vedono esistono veramente?

Pupillo. Lo so perché, se ben ricordo, secondo la *teoria* della percezione del colore che risale agli studi pionieristici di *Isaac Newton*, le diverse sensazioni di colore corrispondono alle diverse *frequenze* delle onde in arrivo ai nostri occhi.

Mentore. Hai detto "teoria"?

Pupillo. Be' sì.

Mentore. Mi stai forse dicendo che per poter affermare che la realtà possiede un'infinità di colori diversi devi riferirti a una *teoria del colore*? Credevo che per te i fatti fossero indipendenti dalle teorie.

Pupillo. Però posso lasciar perdere il colore e semplicemente affermare che la realtà emette radiazioni elettromagnetiche di diverse frequenze. In questo modo faccio unicamente riferimento a delle proprietà fisiche oggettive, come la frequenza, e non soggettive come il colore.

MENTORE. E cosa sarebbe la frequenza di un raggio luminoso?

PUPILLO. Secondo la *teoria elettromagnetica*...

MENTORE. Sbaglio o hai pronunciato nuovamente la parola "teoria"?

PUPILLO. Cavolo!

MENTORE. Come vedi tutti i nostri dati empirici sono imbevuti di teorie. Pur essendo corretto affermare che filtriamo la realtà attraverso i nostri veicoli, è altresì corretto affermare, o forse più corretto affermare, che attraverso i nostri veicoli, espressione delle nostre teorie, *costruiamo* letteralmente la nostra realtà, o se non altro parte di essa.

PUPILLO. Vuoi dire che anche quando condividiamo un semplice fatto, un'esperienza, stiamo allo stesso tempo condividendo una teoria?

MENTORE. Esattamente. C'è sempre un'intima relazione tra un'esperienza e l'insieme dei concetti che usiamo per comunicarla, descriverla, spiegarla, a noi stessi come agli altri. Quest'intima relazione trova espressione in un altro ingrediente molto importante delle teorie scientifiche: l'*operazionismo*.

PUPILLO. Che cosa dice l'operazionismo?

MENTORE. Dice che i concetti alla base di una teoria scientifica devono preferibilmente essere definiti *operativamente*, ossia fondarsi sull'esperienza.

PUPILLO. Come quando ho usato il test della fornace per definire la proprietà del mio corpo di essere bruciabile?

MENTORE. Proprio così. L'idea alla base dell'operazionismo è quella di definire ogni concetto in modo chiaro per mezzo di determinate *operazioni sperimentali*. In questo modo i diversi concetti possono essere facilmente compresi e condivisi da tutti. Beninteso, se si vuole indagare la realtà tutta e non solo una parte di essa, è importante intendere i termini di "esperienza", "operazioni sperimentali" e "test sperimentali" in senso molto ampio, considerando le *esperienze soggettive* delle coscienze come i dati primari. Le cosiddette *esperienze oggettive* altro non sarebbero allora che esperienze private condivise tra le diverse coscienze e consensualmente riconosciute come sufficientemente simili tra loro. Inoltre, è importante non limitare le esperienze soggettive a quelle relative ai nostri soli sensi fisici, includendo anche quelle di natura puramente emozionale, intellettiva, parasensoriale, e via discorrendo.

PUPILLO. Sono un po' confuso. Credevo che le teorie scientifiche fossero per definizione delle *teorie oggettive*, il cui scopo è spiegare la *realtà oggettiva*.

MENTORE. E così è: l'*oggettività* è un importante criterio di scientificità.

PUPILLO. Ma se ogni esperienza non è solo pratica, bensì teoricopratica, e se ogni coscienza in evoluzione filtra e costruisce la propria realtà in modo perfettamente soggettivo, come si può parlare di oggettività?

MENTORE. Se ne può parlare in termini di *intersoggettività*. Le teorie scientifiche sono oggettive perché in grado di generare *consenso*, potendo accomodare le diverse visioni soggettive all'interno di un unico schema coerente, facilmente condivisibile, di natura intersoggettiva.

PUPILLO. Non tutti però aderiscono alle stesse credenze. Non tutti credono nelle stesse teorie, per scientifiche che siano.

MENTORE. Come abbiamo già osservato, diverse teorie scientifiche in competizione possono coesistere allo stesso tempo. Il criterio di oggettività non richiede che una particolare teoria sia condivisa da tutti, ma solo che lo possa essere in linea di principio, poiché soddisfa quei criteri che la rendono eligibile al ruolo (comunque sempre e solo temporaneo) di verità relativa d'avanguardia.

PUPILLO. Quindi non è necessario che vi sia un consenso di fatto tra i diversi ricercatori, ma unicamente un *possibile consenso*.

MENTORE. Sì, è così.

PUPILLO. Ci sono altri criteri importanti di scientificità?

MENTORE. Un altro criterio che abbiamo menzionato solo indirettamente è quello della *compatibilità*. Esso afferma che le teorie scientifiche, pur essendo falsificabili, non devono essere falsificate. In altre parole, devono essere *compatibili con tutti i fatti noti*.

PUPILLO. Mi sembra logico: una falsa teoria non può essere scientifica!

MENTORE. A volte però può accadere che una teoria ritenuta falsa alla luce di certi dati sperimentali venga in seguito riabilitata.

PUPILLO. Com'è possibile?

MENTORE. I dati sperimentali essendo a loro volta imbevuti di teoria possono dare luogo a errate interpretazioni, o semplicemente contenere degli errori, ad esempio di procedura. In questo caso, contrariamente a quanto ci si aspetterebbe, è la teoria a falsificare i fatti e non l'inverso. Un'ulteriore conferma che i fenomeni della nostra realtà, siano essi classificati come teorie o piuttosto come fatti, sono sempre e comunque entità ibride: dei fenomeni essenzialmente *teoricopratici* o *praticoteorici*.

PUPILLO. D'accordo, ma che mi dici del *fatto* che "gli spilli pungono"? Mi sembra una constatazione di natura prettamente pratica, senza elementi teorici.

MENTORE. Il "fatto" che gli spilli pungono è tale solo perché la "teoria di quel fatto" ha trovato innumerevoli conferme nella tua esperienza personale. Se tu fossi un alieno dalla pelle dura come l'acciaio, per te non sarebbe certo un fatto che gli spilli pungono, ma piuttosto una falsa teoria della realtà.

PUPILLO. D'accordo, forse non sono stato abbastanza preciso nella mia enunciazione: gli spilli pungono gli umani!

MENTORE. Non li ho mai visti farlo.

PUPILLO. Spiritoso! Mi riferisco al fatto che quando un essere umano prende uno spillo e lo spinge con forza nella pelle, prova dolore.

MENTORE. Numerosi fachiri hanno dimostrato che il tuo presunto fatto è una falsa teoria.

PUPILLO. E va bene, diciamo che salvo alcune eccezioni, la maggioranza degli umani prova dolore quando si punge con uno spillo.

MENTORE. Concordo, ma più che un fatto mi sembra che la tua sia solo una solida teoria, corroborata da numerosi dati sperimentali.

PUPILLO. Considera allora uno di questi dati sperimentali: proprio ieri mi sono punto infilando la mano nella scatola porta spilli. Concordi nel considerare questo singolo evento un fatto e non una teoria?

MENTORE. Diciamo che si tratta di un aspetto della tua realtà che hai scelto di classificare, per convenienza, nella categoria dei fatti. Ciò significa che hai deciso di dare maggiore rilevanza al suo lato pratico anziché al suo lato teorico.

PUPILLO. E quale sarebbe il lato teorico della mia puntura di spillo?

MENTORE. Ti ricordo che il linguaggio stesso che adoperi per comunicarla è una complessa teoria della realtà, che contiene spiegazioni su cosa sia uno spillo, un essere umano, su cosa significhi pungere, provare dolore, ecc. Ma non solo: l'esperienza della puntura è stata mediata dalla particolare neurofisiologia del tuo corpo fisico, che è il ricettacolo delle tue teorie biologiche della realtà. Come descriveresti questa stessa esperienza se fossi dotato di un veicolo biologico completamente differente? Inoltre, quanto sono affidabili le tue percezioni? Sei stato davvero punto o lo hai solo immaginato? E sei certo che è stata la punta e non la capocchia dello spillo a premere sulla tua pelle?

PUPILLO. D'accordo, hai reso l'idea. Ma a questo punto non

potremmo semplicemente dire che i cosiddetti fatti altro non sono che teorie saldamente acquisite e condivise, che formano una sorta di substrato stabile sul quale edifichiamo nuove teorie, che a loro volta diventano la base fattuale su cui costruiamo ulteriori teorie, e via discorrendo?

MENTORE. È una prospettiva interessante, che ha il vantaggio di ricordarci che non esistono affermazioni inequivocabili, puramente fattuali, definitive, assolute, sulla realtà. Questo perché le nostre esperienze sono necessariamente mediate da quella vasta e complessa oloteoria che è il nostro stesso corpomente. A questo proposito, lo stesso Einstein disse una volta che è sbagliato credere che costruiamo le nostre teorie sulla base delle nostre osservazioni (i cosiddetti fatti sperimentali), essendo vero esattamente l'inverso, ossia che sono le nostre teorie a determinare ciò che siamo in grado di osservare.

PUPILLO. Dunque i fatti conseguirebbero dalle teorie, e non l'inverso?

MENTORE. Esattamente, e ciò significa che i cosiddetti fatti contengono sempre – di fatto! – molta teoria.

PUPILLO. Iniziano a piacermi questi criteri scientifici. Ne hai degli altri?

MENTORE. Un criterio di cui abbiamo già discusso è quello della *semplicità*, meglio conosciuto con il nome di *rasoio di Occam*. Il criterio afferma che una teoria scientifica non deve mai complicare le spiegazioni oltre il necessario[11]. Altrimenti le complicazioni superflue rimarranno a loro volta inesplicate e la teoria risulterà sprovvista di potere esplicativo.

PUPILLO. Altri criteri?

MENTORE. Abbiamo già menzionato quello della *coerenza interna*, inteso come *principio di non contraddizione*. Le teorie scientifiche devono essere *coerenti*, ossia non devono contenere contraddizioni logiche interne.

---

[11] Questa è la versione di *David Deutsch* del criterio.

PUPILLO. Come le parti diavoletto e angioletto che si smentiscono vicendevolmente?

MENTORE. Precisamente. Una teoria che si autocontraddice è necessariamente falsa, giacché *incompatibile* con la realtà.

PUPILLO. La realtà non si contraddice mai?

MENTORE. Non può farlo, essendo per definizione l'insieme di tutto ciò che esiste in senso affermativo.

PUPILLO. Qualche altro criterio importante?

MENTORE. Ritengo che abbiamo elencato tutti i criteri più importanti. È bene però non dimenticare che i criteri scientifici sono anch'essi parte di una *metateoria* della conoscenza, a sua volta soggetta a evoluzione. Forse un giorno individueremo dei nuovi criteri, altrettanto fondamentali o più fondamentali ancora di quelli che abbiamo elencato. Comunque, possiamo ancora menzionare i criteri di *chiarezza* e *precisione*. Le teorie scientifiche devono esprimere il loro contenuto in un linguaggio che sia il più chiaro e preciso possibile, come è il caso ad esempio delle teorie fisiche moderne che fanno un ampio uso della matematica. Il nostro linguaggio comune, ovviamente, non è rigoroso come il linguaggio matematico, ma questo non ci impedisce di usarlo nel modo più chiaro e preciso possibile.

PUPILLO. Ho sentito dire che alcuni scienziati applicano anche il criterio *estetico*.

MENTORE. È vero, ma non c'è unanimità sul suo valore.

PUPILLO. Tu che ne pensi?

MENTORE. La bellezza è espressione di armonia e l'armonia è espressione di compatibilità, di assenza di conflitto. Pertanto, ritengo che il criterio estetico, se usato con sensibilità e discernimento, possa costituire una valida guida nella scoperta di verità relative d'avanguardia.

PUPILLO. E questa tua credenza su cosa si fonda?

MENTORE. Non si tratta di una credenza, ma piuttosto di un'ipotesi di lavoro, che nella pratica ha dimostrato una certa potenzialità.

PUPILLO. Intendi dire che si tratta di un assunto che fino a oggi ha trovato conferma?

MENTORE. Una conferma non solo esteriore, ma anche interiore, di natura intima. Dalla mia percezione diretta, intuitiva, empatica della realtà, emerge un senso di grande armonia e bellezza. Posso quindi ragionevolmente supporre che le teorie che esprimono a un certo livello della loro struttura queste stesse qualità abbiano maggiori probabilità di evolversi.

SINTESI DEL CAPITOLO

Per dirsi scientifica una teoria deve aprirsi alla critica – sia razionale che sperimentale (falsificabilità) – e possedere sufficiente potere esplicativo.

Dalle spiegazioni contenute nelle teorie scientifiche possiamo dedurre delle previsioni. Ma le previsioni sprovviste di spiegazioni sono solo superstizioni.

L'oggettività è un importante criterio di scientificità. Le teorie scientifiche sono entità oggettive in quanto intersoggettive, essendo in grado di generare consenso.

Le teorie non possono essere dissociate dai fatti empirici a cui fanno riferimento, e i cosiddetti fatti sono sempre e comunque enunciati carichi di teoria.

La realtà è un complesso costrutto di natura intrinsecamente teoricopratica.

Noi coscienze siamo entità cognitive che si manifestano per mezzo di una complessa oloteoria della realtà, resa apparente dallo strumento del nostro corpomente.

La nostra oloteoria non è unicamente una matrice multidimensionale di spiegazioni e significati che ci consente di interpretare i dati delle nostre esperienze: è il veicolo stesso delle nostre esperienze, attraverso il quale filtriamo ma altresì costruiamo la nostra realtà.

9. Esperienze

Un'esperienza comporta sempre un elemento "verbo", attivo, di creazione, e un elemento "sostantivo", passivo, di scoperta.

PUPILLO. Quando ti ho chiesto se credevi nel valore del criterio estetico, mi hai risposto che la tua non è una credenza, bensì un'ipotesi. Vorresti dire che non siamo costretti a credere nelle nostre teorie?

MENTORE. No, non lo siamo. All'inizio della nostra conversazione ti ho parlato del problema della falsa identificazione, ricordi?

PUPILLO. Certamente, hai affermato che si tratta del problema dei problemi, poiché la falsa identificazione produce negazione della realtà, che a sua volta produce conflitti, indi dolore e sofferenza.

MENTORE. Corretto. Ma come sai, la falsa identificazione è doppiamente falsa. Lo è a un primo livello, quando la teoria nella quale ci identifichiamo è una *falsa* teoria, incompatibile con la realtà. E lo è a un secondo livello, essendo che il processo stesso di *identificazione* esprime una forma sottile di negazione, del tutto indipendente dalla teoria nella quale ci identifichiamo.

PUPILLO. Anche se si tratta di una teoria d'avanguardia?

MENTORE. Sì, anche quando la teoria possiede tutte le buone caratteristiche di cui abbiamo ampiamente discusso: coerenza, compatibilità, falsificabilità, apertura alla critica, potere esplicativo, semplicità, intersoggettività, chiarezza, precisione e via discorrendo. Anche quando ci identifichiamo in una teoria che è stata confermata da tutte le osservazioni sperimentali di cui siamo a conoscenza, e che possiede i migliori attributi di scientificità, anche in questo caso, a un livello più sottile ma non per questo meno profondo, ci stiamo ancora *autoingannando*.

PUPILLO. Ci stiamo autoingannando a che proposito?

MENTORE. Ricordi la metafora dello scultore?

PUPILLO. Siamo scultori e non statue!

MENTORE. Esattamente. Siamo coscienze costruttrici di teorie della realtà, non teorie della realtà. Ci manifestiamo e partecipiamo alla realtà per mezzo dei nostri strumenti oloteorici, dei nostri corpomente. In quanto coscienze ci evolviamo attraverso l'evoluzione delle nostre oloteorie, ma non siamo mere oloteorie: siamo gli *scopritori-creatori* della nostra realtà, sia interiore che esteriore. Una realtà che instancabilmente scopriamo e riscopriamo, creiamo e ricreiamo, per mezzo delle nostre *scelte*, ossia delle *esperienze* che di volta in volta *scegliamo* di vivere e di integrare nella nostra memoria.

PUPILLO. Ho ben compreso che il concetto stesso di realtà si fonda su quello di *esperienza*, ma più esattamente, cosa sarebbe un'esperienza? Una sorta di *interazione* tra due entità?

MENTORE. L'interazione è una condizione necessaria affinché vi sia un'esperienza, ma non sufficiente. È essenziale infatti che una delle due entità possa *vivere l'interazione*. Questo può accadere unicamente se l'entità in questione è, a un certo grado, cosciente dell'interazione, cioè capace di distinguere la situazione in cui il proprio sé sta interagendo dalla situazione in cui non lo sta facendo.

PUPILLO. Dunque, affinché vi sia un'esperienza, almeno una delle due entità interagenti deve essere una coscienza, vale a dire un'entità *autocosciente*?

MENTORE. Esatto. L'autocoscienza, o *coscienza critica di sé e del mondo*, è un attributo fondamentale di noi coscienze, che va ad aggiungersi a quello della *libera scelta*, di cui abbiamo già accennato. Grazie all'autocoscienza, una coscienza in evoluzione può distinguere il proprio sé dal proprio non sé, e vivere delle esperienze personali, *soggettive*. Ma per vivere un'esperienza la sola autocoscienza non è sufficiente. Un'esperienza richiede infatti che la coscienza sia anche in grado di identificare l'entità – cioè il fenomeno – con cui interagisce.

PUPILLO. Ma nel caso di un'esperienza nuova, come può identificarla?

MENTORE. Identificare non significa riconoscere. Ogni esperienza che vivi produce su di te un certo numero di effetti. Se *memorizzi* lo schema di questi effetti avrai *identificato* l'esperienza, pur trattandosi di un'esperienza che potresti vivere per la prima volta. Ciò significa che c'è sempre un *elemento di scoperta* nelle esperienze che viviamo, che è uno dei due elementi fondamentali che compongono ogni esperienza.

PUPILLO. Quale sarebbe l'altro elemento?

MENTORE. Si tratta dell'*elemento di creazione*, che corrisponde alla *parte attiva* dell'esperienza, quella che la coscienza ha il potere di controllare.

PUPILLO. Mentre l'elemento di scoperta sarebbe la *parte passiva* dell'esperienza, quella che la coscienza non sarebbe in grado di controllare, ma solo di scoprire?

MENTORE. Proprio così. Mettendo le due cose assieme otteniamo che un'esperienza è costituita dall'interazione di una coscienza con un frammento disponibile di realtà, che possiamo denominare genericamente *entità*. L'interazione è sempre scomponibile in due aspetti distinguibili: uno attivo, di creazione, e uno passivo, di scoperta. L'elemento di creazione è la parte *animistica* dell'esperienza, scelta, agita e controllata dalla coscienza, mentre l'elemento di scoperta è la parte *mediumistica* dell'esperienza, non direttamente controllata dalla volontà della coscienza, ma che si rende disponibile alla sua azione e al suo controllo.

PUPILLO. Un esempio concreto mi aiuterebbe.

MENTORE. L'elemento di creazione di un'esperienza è solitamente descritto dai *verbi*, mentre l'elemento di scoperta è descritto dai *sostantivi*. Considera la semplice esperienza di bere la tua tazza di the al bergamotto. L'elemento di scoperta è l'entità detta "tazza di the", che è una delle innumerevoli entità presenti nella tua realtà, in quanto disponibili alla tua esperienza. L'elemento di creazione corrisponde invece alla tua scelta e azione di prendere la tazza di the nelle tue mani e berne il contenuto. Azione che è pienamente sotto il tuo controllo. L'esperienza in quanto tale, ovviamente, è la *fusione* di questi due elementi.

PUPILLO. E che cosa avrei *creato* con questa mia fusione?

MENTORE. Ad esempio l'entità detta "tazza di the vuota", che prima della tua esperienza non esisteva.

PUPILLO. Però potrei anche affermare di avere *distrutto* l'entità detta "tazza di the piena", che dopo la mia esperienza non esiste più.

MENTORE. Se preferisci puoi asserire anche questo. Creazione e distruzione sono le due facce di una stessa medaglia, il cui nome è *trasformazione*. Ma vediamo di tornare al succo della nostra discussione.

PUPILLO. Stavamo dicendo che nella *falsa identificazione* ci sono due errori: il primo consiste nell'identificarsi in teorie della realtà palesemente false, mentre il secondo è di natura più sottile, essendo insito nel processo stesso di identificazione.

MENTORE. Sì, anche quando ci identifichiamo con la più avanzata delle nostre teorie scientifiche della realtà, frutto di un lungo processo scientifico-evolutivo, stiamo commettendo un errore. L'errore di credere nella teoria, identificandoci con il suo contenuto. Poiché ogni teoria della realtà – e più generalmente l'oloteoria resa manifesta dal nostro corpomente – altro non è che un'entità.

PUPILLO. E allora?

MENTORE. Un'entità è unicamente un frammento di realtà, disponibile alla nostra esperienza.

PUPILLO. Insisto: e allora?

MENTORE. Noi non siamo entità, ma princìpi intelligenti che agiscono sulle entità e per mezzo di esse. Siamo primariamente la parte verbo e non la parte sostantivo dell'esperienza. Siamo essenzialmente il processo, non la forma che emerge dal processo.

PUPILLO. Non mi è chiaro quello che dici. Posso facilmente agire su di te, che sei una coscienza, ad esempio toccandoti. Quindi, l'elemento attivo della mia esperienza è la mia azione di toccare te, mentre l'elemento passivo sei tu, in quanto entità disponibile a essere toccata.

MENTORE. Corretto, salvo per un dettaglio: non sono esattamente io in quanto coscienza a essere disponibile alla tua esperienza, ma il mio corpo fisico, che per l'appunto è un'entità. Dal momento che sono *parzialmente* identificato con il mio corpo fisico, hai l'impressione che in quanto coscienza io sia disponibile alla tua esperienza. Ma non è propriamente così. È il mio corpo fisico, o la mia mente fisica se preferisci, a costituire un'entità disponibile alla tua esperienza, che puoi ad esempio toccare. Tra l'altro, se è vero che ogni tanto puoi scegliere di toccare il mio corpo fisico, è altrettanto vero che in quanto coscienza proprietaria di questo veicolo io lo tocco in continuazione, in modo molto intimo e profondo. In altre parole, sono continuamente e intimamente *fuso* con il mio soma. Questa esperienza continuativa di fusione, o *connessione*, tra la mia coscienza che è il verbo che agisce, e il mio corpo fisico che è il sostantivo che viene agito, ha un nome: *incarnazione*. La coscienza si incarna nella dimensione materiale attraverso l'esperienza continuativa (o semicontinuativa) di un veicolo fisico.

PUPILLO. La nostra esperienza della realtà materiale sarebbe dunque mediata?

MENTORE. Sì, la coscienza interagisce col corpo fisico, che a sua volta interagisce con le entità a lei disponibili nella dimensione materiale. In altre parole, il corpo fisico è il *mediatore* della nostra esperienza materiale.

PUPILLO. Stavo pensando: non si potrebbe sostenere che il nostro corpomente, in quanto oggetto della nostra esperienza, sia paragonabile a una sorta di *contenuto*, in relazione al quale noi coscienze ricopriremmo il ruolo di *contenitore*? Un contenitore che, per l'appunto, si manifesterebbe per mezzo del proprio contenuto.

MENTORE. È una metafora calzante, purché tu intenda "contenitore" nel senso lato di uno *spazio vuoto*, pieno di *possibilità potenziali*, al cui interno si manifesta un "contenuto" di *possibilità attuali*.

PUPILLO. Dunque la coscienza, in qualità di principio intelligente e creativo, esprimerebbe un aspetto essenzialmente *spaziale* della realtà?

MENTORE. Sì, ma spaziale nel senso di *potenziale*, non nel senso dello spaziotempo della fisica. Invece, ciò che si manifesta in termini di contenuto, all'interno dello spazio creativo della coscienza, sarebbe l'*attuazione* di quel *potenziale*.

PUPILLO. Se ho capito bene, l'insieme dei contenuti delle coscienze in evoluzione costituirebbe ciò che abitualmente chiamiamo realtà, o più esattamente *realtà manifesta*?

MENTORE. Esatto. Ma vediamo di esplorare oltre la tua metafora. Considera il tuo intelletto, nella sua funzione di mente pensante. Mente pensante e pensiero non vanno confusi, così come non vanno confusi contenitore – inteso come spazio che contiene – e contenuto. La nostra mente pensante non è riducibile alla somma dei nostri pensieri: può generare, elaborare e catturare flussi di pensiero, ma la sua natura ed esistenza non dipendono da essi. La mente pensante esiste anche in assenza di pensiero, così come uno spazio contenitore può esistere in assenza di contenuti. L'errore abituale sta nel confondere contenuto e contenitore: ci identifichiamo con il contenuto e perdiamo di vista il contenitore. Il contenitore, ovviamente, non può essere afferrato unicamente in termini di contenuto. Non è possibile comprendere la nostra mente pensante per mezzo unicamente del nostro processo di pensiero. Ma così come un contenuto può suggerirci l'esistenza di un contenitore, allo stesso modo i nostri pensieri possono suggerirci l'esistenza di una mente pensante, che è lo spazio in grado di generarli, contenerli e temporaneamente trattenerli.

PUPILLO. Per cui dovremmo evitare di eguagliare mente pensante e pensieri?

MENTORE. Sarebbe auspicabile. Ma la tendenza a confondere mente e pensieri è tale che lo stato di una mente senza pensieri, del contenitore senza contenuto, viene solitamente definito *stato di non-mente*. Ma lo stato di non-mente non è necessariamente uno stato che non contempla flussi di pensieri, bensì uno stato dove la distinzione tra mente e pensiero è pienamente realizzata. In altre parole, si tratta di uno stato dove la mente, in questo caso quella intellettiva, non si identifica più con i pensieri da essa stessa generati.

PUPILLO. E con che cosa si identifica?

MENTORE. Con qualcosa che si trova "oltre" il suo contenuto.

PUPILLO. Ma oltre il suo contenuto c'è solo il contenitore: uno spazio di possibilità potenziali.

MENTORE. Forse. Ma a rigor di logica un contenitore può a sua volta essere il contenuto di un contenitore più grande.

PUPILLO. Mi fai venire in mente le *bambolette russe*, che si contengono a vicenda.

MENTORE. È un'immagine pertinente. La bambola più piccola corrisponde al nostro corpo fisico, o mente fisica, uno spazio che contiene le nostre forme fisico-corporee, per mezzo delle quali interagiamo con le altre forme presenti nella dimensione materiale. La seconda bambola può invece essere intesa come un'entità emozionale, uno spazio più ampio, di più alta dimensionalità, che contiene sia gli aspetti fisici che quelli, per l'appunto, più tipicamente emozionali. C'è poi la terza

126

bambola: un'entità ancora più astratta, immaginativa, logico-razionale, intellettiva, pensante, sede probabile del nostro discernimento; uno spazio ancora più ampio e dilatato, in grado di contenere sia le forme fisico-emozionali che quelle più propriamente intellettive.

PUPILLO. Queste tre bombolette russe, se ho capito bene, realizzerebbero l'intera struttura del nostro corpomente, cioè della nostra oloteoria?

MENTORE. Questo se non altro è quanto possiamo supporre sulla base del nostro attuale livello conoscitivo. Siamo infatti in grado di distinguere aspetti fisici, emozionali e intellettivi della nostra esperienza del reale, che possiamo grosso modo associare a tre distinti veicoli di manifestazione. Ma al di là delle *forme energetiche* rese manifeste da questi tre veicoli, non sappiamo se esistono ulteriori strutture.

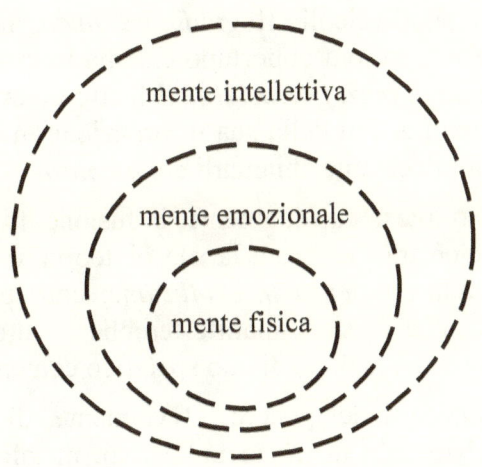

PUPILLO. Intendi dire che la mente intellettiva potrebbe non essere l'ultimo contenitore?

MENTORE. Potrebbe esserlo come non esserlo, chi può dirlo? Ma questo non è il punto della nostra discussione. Il punto è di non confondere contenitore e contenuto. Naturalmente, come suggerito dalla metafora delle bombolette russe, da una prospettiva più ampia ogni contenitore può a sua volta essere compreso come contenuto. Possiamo però supporre che esista una sorta di contenitore ultimo, che a differenza di tutti gli altri non sarebbe a sua volta il contenuto di un contenitore più grande.

PUPILLO. Un veicolo ultimo?

MENTORE. Esatto, ma in quanto veicolo ultimo non sarebbe corretto definirlo tale. Si tratterebbe infatti del *guidatore*, di colui/colei che agirebbe su tutte le strutture: l'originatore di tutti i nostri processi, la parte puramente *verbo* delle nostre esperienze, in grado di *animare* l'intera nostra realtà in continuo divenire.

PUPILLO. Intendi dire la coscienza?

MENTORE. Sì, sebbene sarebbe forse più corretto riservare il termine di "coscienza" per descrivere il connubio tra il guidatore e i suoi veicoli. Il *guidatore nudo*, in assenza di veicoli, sarebbe forse più opportuno chiamarlo *essere*, o *vita*, o *spazio dinamico di pura potenzialità*. Mentre i numerosi veicoli dell'essere, creati ai fini della sua incarnazione-manifestazione, potremmo semplicemente chiamarli *conoscenza*.

PUPILLO. Se ho inteso correttamente, la fusione tra l'*essere* e la *conoscenza*, cioè tra l'essere e la sua oloteoria, o corpomente, darebbe vita alla *coscienza in evoluzione*: uno spazio di pura potenzialità che si manifesterebbe attraverso la sperimentazione-evoluzione di uno specifico contenuto.

MENTORE. Qualcosa del genere. Ovviamente, di queste cose possiamo parlare solo in modo indicativo, metaforico, poiché cosa sia esattamente l'essere e la coscienza è qualcosa che va al di là della nostra capacità di comprensione logico-razionale.

PUPILLO. Per quale ragione?

MENTORE. Per la semplice ragione che la coscienza è qualcosa la cui natura profonda si situa oltre la dimensione delle forme. Pertanto, non può essere afferrata per mezzo unicamente dei nostri pensieri, per avanzati ed elaborati che siano. Come diceva Wittgenstein, per comprendere il limite del nostro pensiero dovremmo essere in grado di pensare entrambi i lati del limite, ossia pensare ciò che non può essere pensato!

PUPILLO. Come possiamo parlarne allora?

MENTORE. Ne possiamo parlare alludendo a quel qualcosa che pur essendo all'origine delle nostre esperienze e del nostro processo evolutivo, pur permeando e animando l'intera nostra realtà, si trova oltre il dominio di queste esperienze, non essendo soggetto ad alcun mutamento, in quanto causa stessa del mutamento.

PUPILLO. Mi viene in mente il *centro* di una ruota che gira.

MENTORE. È un'altra metafora molto azzeccata. Il centro della ruota è un punto senza dimensione, che dal punto di vista della ruota – un oggetto bidimensionale – è perfettamente invisibile, dunque *non manifesto*. Quando ci troviamo sulla (o nella) ruota evolutiva, che gira incessantemente, possiamo percepire l'esistenza di una dimensione nascosta, le cui caratteristiche sono la quiete, la pace, la serenità. È la percezione del centro immobile della ruota. Non è visibile, ma possiamo riconoscere la sua presenza avvertendo come cambia il nostro stato interiore quando dalla periferia – dove la pseudoforza centrifuga è più intensa – ci spostiamo verso il centro. Il centro della ruota è la *fonte* del suo movimento. Una fonte invisibile, non direttamente sperimentabile, poiché si situa oltre il domino dell'esperienza bidimensionale della ruota. Ma non per questo è meno reale.

PUPILLO. Affascinante. Ma ora, a dire il vero, mi sono un po' perso: non so più perché stiamo parlando di tutto questo.

MENTORE. Hai ragione, ci siamo lasciati incantare dal movimento della ruota e abbiamo perso di vista il centro, ossia il fulcro della nostra discussione. Ma la nostra digressione non è stata inutile. Stavamo parlando del problema dell'identificazione.

PUPILLO. Sì, ora ricordo: hai detto che l'identificazione esprime di per sé, automaticamente, una forma sottile di negazione, indipendentemente dalla teoria nella quale ci identifichiamo.

MENTORE. Esattamente. Questo perché quando ci identifichiamo in qualcosa, riduciamo la nostra coscienza a un semplice oggetto, a una forma, a un contenuto, quando invece è primariamente uno spazio di possibilità senza forma. O meglio, adottando il punto di vista della realtà manifesta, la fusione tra questo spazio e le forme sempre mutevoli in esso contenute. In breve: non siamo solo *conoscenza*, ma anche e soprattutto *essere*.

PUPILLO. Se ho inteso correttamente, a causa del meccanismo di identificazione con il contenuto delle nostre teorie, rischiamo di perdere di vista una parte essenziale della nostra natura.

MENTORE. Questo è il punto, o meglio il centro della ruota!

PUPILLO. Come possiamo evitare questa trappola? In fondo l'hai detto tu stesso: siamo esseri in manifestazione che sperimentano il mondo delle forme energetiche tramite un processo di fusione. E se non sbaglio *fusione* rima con *confusione*.

MENTORE. Hai proprio ragione. Il nocciolo del problema, come hai acutamente osservato, sta proprio nell'imparare *l'arte della fusione senza confusione,* cioè l'arte di essere consapevolmente autocoscienti, ossia *autoconsapevoli.*

PUPILLO. Ma... fondersi senza confondersi, è davvero possibile?

MENTORE. Senza dubbio. Vedi, la nostra stessa discussione, per mezzo della quale abbiamo decostruito l'intima struttura di un'esperienza e messo in evidenza la dualità *essere-conoscenza* – che nel nostro linguaggio si manifesta come dualità *verbo-sostantivo* – è già un passo avanti nella direzione di una parziale disidentificazione dal contenuto delle nostre teorie della realtà.

PUPILLO. Sì ma, più specificamente, più praticamente, come possiamo imparare l'arte della fusione senza confusione, l'arte dell'autoconsapevolezza?

MENTORE. Si tratta semplicemente di non dimenticare che le tue teorie non sono forme statiche, bensì strutture in continuo divenire.

PUPILLO. Non capisco, cosa c'entra questo?

MENTORE. Quando *credi* a una teoria, qualunque essa sia, la immobilizzi, la fissi. Ma una teoria resa immobile è una teoria che non è più in grado di abbracciare la realtà, poiché la realtà danza al ritmo dell'essere, l'animatore delle forme, che si trova oltre il dominio stesso delle forme.

PUPILLO. Mi stai forse dicendo che quando credo in una teoria, per avanzata che sia, mi ritrovo in un specie di mondo popolato da statue senz'anima?

MENTORE. In un mondo di statue senza scultori, che non mutano più di forma.

PUPILLO. Sono confuso. Prima hai detto che l'essere è come il centro di una ruota, che non cambia mai. D'altra parte, paradossalmente, sarebbe proprio l'essere, cioè la parte immutabile oltre che invisibile della realtà, a determinarne il cambiamento. Come può essere?

MENTORE. Un celebre aforisma attribuito sia al Buddha che a Eraclito dice che: *nulla è costante eccetto il cambiamento*. In altre parole, ciò che non cambia mai è il cambiamento stesso, essendo che la realtà muta in continuazione. La parte invisibile della realtà, quella che non muta mai, è il cambiamento stesso! E "cambiamento" è solo uno dei tanti nomi dell'*essere*. Il cambiamento è la *vita* stessa!

PUPILLO. Ma la vita cessa quando sopraggiunge la *morte*.

MENTORE. Non è così. La morte non si oppone alla vita, poiché la *morte* non è antitetica alla vita, bensì alla *nascita*. Nascita e morte sono soli i nomi che usiamo per identificare l'inizio e la fine di un processo che ha origine *dalla vita*, cioè *dall'essere*. È bene perciò non confondere la vita con la nascita. La vita, fino a prova del contrario, non essendo mai nata nemmeno può morire.

PUPILLO. D'accordo, ma tornando alle nostre teorie della realtà, quale sarebbe l'antidoto per evitare di confonderci con esse?

MENTORE. L'antidoto è la tua intelligenza, che ti permette di discernere nel tuo intimo tra l'essere e la conoscenza, tra lo scultore e le sue statue, tra lo scienziato e le sue teorie della realtà. Considera per un momento l'etimologia del termine *teoria*. La parola deriva da *theoría*, termine greco che può essere inteso come la combinazione di *theá*, che significa *spettacolo*, e *horân*, che significa *osservare*. Pertanto, secondo questa possibile interpretazione, una teoria è l'osservazione di uno spettacolo: lo spettacolo della realtà! Ma il termine "teoria" è stato usato dagli esteti anche come sinonimo di *processione*, ad esempio nel descrivere una teoria di persone che avanzano in fila. Quindi, mettendo creativamente assieme questi due significati, otteniamo che una teoria è uno strumento dinamico di osservazione-sperimentazione della realtà, ossia un *processo* per mezzo del quale l'essere-coscienza partecipa al megaprocesso della vita-realtà.

PUPILLO. Davvero affascinante, ma non capisco dove vuoi arrivare.

MENTORE. Se lo strumento stesso per mezzo del quale sperimentiamo la realtà muta in continuazione, così come incessantemente muta l'intera realtà, allora ti chiedo: che senso ha credere? Se ogni teoria è per definizione una forma energetica che si trasforma senza sosta, perché scegliere di credere in qualcosa di specifico?

PUPILLO. Se la metti così. Ma allora quale sarebbe il giusto atteggiamento da mantenere nei confronti delle nostre teorie della realtà?

MENTORE. Quello del ricercatore che ha compreso che ogni teoria, per scientifica e avanzata che sia, è solo una *verità relativa*, una costruzione-spiegazione temporanea che prima o poi verrà falsificata, dunque abbandonata e rimpiazzata da verità relative ancora più avanzate.

PUPILLO. Però abbiamo bisogno delle nostre teorie. Dopotutto non è grazie ad esse che possiamo partecipare alla grande danza delle forme?

MENTORE. Giusto, ma una teoria è solo uno strumento. Non ha senso credere in uno strumento. Uno strumento lo si utilizza fintanto che è utile, poi lo si rimpiazza con uno strumento più avanzato. Noi non siamo lo strumento, ma coloro che creano e utilizzano lo strumento. E quando lo usiamo, temporaneamente ne diveniamo parte, poiché entriamo in connessione con esso, così come un autista si connette alla sua vettura ogniqualvolta sceglie di guidarla.

PUPILLO. Ma cosa vorrebbe dire connettersi a una teoria senza per questo credere nella teoria?

MENTORE. Significa situarsi a metà strada tra il credere e il non credere. Significa *fare come se* la teoria fosse vera, pur rimanendo pienamente consapevoli del fatto che non può esserlo. In altre parole, significa considerare ogni teoria una semplice *ipotesi di lavoro*, uno strumento utile unicamente per proseguire un'indagine. Si tratta essenzialmente di rimanere *lucidi*, di non lasciarsi incantare dal balletto delle forme. Come quando guardi il cielo notturno e che la tua attenzione è attratta dallo scintillio delle stelle, dimenticandoti così l'essenziale, lo spazio infinito che le contiene e le consente di esistere.

SINTESI DEL CAPITOLO

Un'esperienza comporta sempre due elementi distinguibili: un elemento "verbo", attivo, di creazione, e un elemento "sostantivo", passivo, di scoperta.

La coscienza nuda, in assenza dei suoi veicoli, è l'essere: uno spazio di pura potenzialità. I veicoli dell'essere, creati ai fini dell'incarnazione-manifestazione, sono la conoscenza.

L'esperienza di fusione continuativa tra l'essere e la conoscenza, cioè tra l'essere e la sua forma oloteorica, genera la coscienza in evoluzione.

La coscienza è uno spazio di pura potenzialità che si manifesta tramite la sperimentazione-evoluzione di uno specifico contenuto.

Quando ci identifichiamo con il contenuto delle nostre menti dimentichiamo che la nostra natura è essenzialmente esserica. Per evitarlo, possiamo imparare l'arte della fusione senza confusione, ossia l'arte di essere consapevolmente autocoscienti, vale a dire autoconsapevoli.

La morte non si oppone alla vita, poiché la morte non è antitetica alla vita, bensì alla nascita.

Nascita e morte sono solo i nomi che usiamo per identificare l'inizio e la fine di un processo che ha origine dalla vita, cioè dall'essere.

Fino a prova del contrario la vita non può morire.

10. SPECCHIO

Per porre fine alla sofferenza possiamo volgere il nostro sguardo al grande specchio della realtà e trasformare la nostra ricerca in autoricerca.

PUPILLO. Ho perso ancora una volta il filo della nostra discussione: dove siamo rimasti?

MENTORE. Siamo rimasti che abbiamo un'indagine da ultimare.

PUPILLO. A che riguardo?

MENTORE. Riguardo alla realtà, all'autoricerca e alla sofferenza. Non dirmi che non te ne eri accorto.

PUPILLO. In effetti, non abbiamo discusso d'altro. In quel grande laboratorio che è la realtà, ogni essere umano è uno scienziato che si ignora, la cui ricerca ha come scopo quello di rendere obsoleta la sofferenza.

MENTORE. Ben detto! Ogni creatura vivente è un ricercatore della realtà. Ma noi "doppio sapiens" stiamo attraversando un passaggio molto critico della nostra storia evolutiva, avendo l'opportunità di raggiungere in breve tempo il nostro prossimo traguardo evolutivo: quello dell'Hs^3.

PUPILLO. Volevo sapere: un Hs^3 è sempre in grado di disidentificarsi dalla propria oloteoria, cioè dal proprio corpomente?

MENTORE. Diciamo che un Hs^3 è una coscienza in grado di relazionarsi in modo consono con il proprio strumento oloteorico, mantenendo su di esso un pieno *controllo*.

PUPILLO. Controllo in che senso?

MENTORE. Hai detto di possedere un bolide nuovo fiammante.

PUPILLO. Sì, fa i 250 km/h. Ma che c'entra?

MENTORE. Ogni tanto ti fai prendere la mano, o più esattamente il piede, e pigi un po' troppo sull'acceleratore?

PUPILLO. Lo ammetto, ogni tanto mi succede.

MENTORE. Quando ti fai "prendere il piede" dal tuo bolide, stai perdendo il controllo. Non sei più tu a controllare il veicolo, ma è il veicolo a controllare te. La stessa cosa avviene con il tuo veicolo di manifestazione. Quando non sei sufficientemente lucido, non sei più tu alla guida del tuo corpomente, ma è lui a guidare te.

PUPILLO. Un Hs^3 invece, non perderebbe mai il controllo del suo bolide?

MENTORE. Esatto, poiché non dimentica che oltre al veicolo c'è anche il guidatore. In altre parole, l'Hs^3 non inserisce mai il pilota automatico.

PUPILLO. Ma non è faticoso mantenere sempre il controllo?

MENTORE. Mantenere il controllo non significa controllare ciò che non è controllabile, ma semplicemente non addormentarsi. Una delle caratteristiche dell'Hs^3 è infatti quella di rimanere sempre sveglio.

PUPILLO. Non va mai a dormire?

MENTORE. In un certo senso è proprio così, dato che anche quando va a dormire rimane sveglio. Anche nel sonno rimane lucido.

PUPILLO. E cosa sarebbe un sonno lucido?

MENTORE. Un sonno lucido è un sonno durante il quale la coscienza rimane sveglia, sebbene il suo corpo fisico stia dormendo.

PUPILLO. È possibile?

MENTORE. Lo è, purché la coscienza non si identifichi troppo a fondo con il suo corpo. In questo modo, quando il corpo si addormenta, la coscienza non è costretta a seguirlo e può rimanere sveglia.

PUPILLO. E cosa fa quando rimane sveglia?

MENTORE. Quello che vuole. Ad esempio, può andarsene in giro a esplorare l'immensa realtà multidimensionale, usando i suoi veicoli di manifestazione *extrafisici*. Ma di questo vasto argomento sarà meglio discutere in un'altra occasione, perché dobbiamo finire di occuparci delle nostre false teorie[12].

PUPILLO. Cos'altro ci sarebbe da dire sull'argomento?

MENTORE. Ancora non abbiamo detto l'essenziale.

PUPILLO. Eppure, sono ormai consapevole di essere molto di più di un semplice veicolo oloteorico, e ho compreso che anche le teorie più avanzate nascondono il rischio di una negazione. Questo perché attraverso il meccanismo dell'identificazione possiamo perdere di vista la nostra vera natura, che è prevalentemente spaziale, nel senso di potenziale.

MENTORE. Giusto. Ma questa consapevolezza non ti sarà di grande aiuto se prima non ti sbarazzi del tuo bagaglio di false teorie della realtà. Proseguendo con la metafora dell'automobile, è senz'altro cruciale per il pilota divenire consapevole che lui e la sua automobile non sono una cosa sola, ma due elementi distinguibili della realtà, in grado di connettersi. Questa consapevolezza non gli sarà però di molto aiuto se il suo veicolo è guasto e non è più in grado di viaggiare. Per dirla in parole povere: se l'auto è rotta nemmeno il migliore dei piloti potrà andare molto lontano!

PUPILLO. Capisco, la priorità sta nel riparare il veicolo, poi si può pensare alla guida.

MENTORE. Prima ancora di giocare a fare i piloti, dobbiamo giocare a fare i meccanici e riparare i nostri oloveicoli danneggiati. Ossia, trasformare le nostre false teorie in teorie

---

[12] Vedi ad esempio: *AutoRicerca*, Numero 5, Anno 2013, dedicato al tema delle esperienze extracorporee [N.d.E.]

apertamente compatibili, non più in grado di produrre sofferenza. Ecco allora che l'aspetto della guida potrà assumere tutta la sua importanza. Naturalmente, sto semplificando un po' le cose: i due processi – riparazione e guida – avvengono sempre in contemporanea, in parallelo. Stiamo sempre guidando i nostri veicoli malridotti, che comunque un po' si muovono, e mentre li pilotiamo, o meglio mentre veniamo da essi pilotati, ogni tanto ci svegliamo. E quando ci svegliamo, oltre a rimettere le mani sul volante cerchiamo di effettuare alcune rapide riparazioni. Quello che sto cercando di dirti è che per la maggior parte degli individui di questo pianeta il problema principale una volta svegli è quello di effettuare le riparazioni, non di preoccuparsi della guida. Purtroppo non sono in molti a prendere in considerazione che c'è qualcosa da riparare. La più parte ritiene infatti che il problema sia sempre esteriore al veicolo. Ovvero, coltivano la falsa credenza che sia la realtà a *doversi* adeguare alle loro teorie! Un'illusione da cui trae origine il diniego e conseguentemente la sofferenza.

PUPILLO. Vorrei provare a correggere questa falsa credenza, rimpiazzando il verbo "dovere" con il verbo "potere".

MENTORE. Ottima idea.

PUPILLO. Vediamo… invece di pretendere che sia la realtà a *doversi* adeguare alle mie teorie, potrei semplicemente affermare che… la realtà si *potrebbe* adeguare alle mie teorie. Hm…

MENTORE. Dubbioso?

PUPILLO. Mi chiedevo: se è vero che la realtà si potrebbe adeguare alle mie teorie, allora perché non lo fa?

MENTORE. Lo fa tutte le volte che le tue teorie si dimostrano compatibili con essa. In caso contrario non può adeguarvisi, poiché la realtà, per sua stessa natura, non è in grado di autonegarsi.

PUPILLO. Capisco, anche volendolo non potrebbe scegliere di aderire a una falsa teoria.

MENTORE. Esattamente. Ma pensare alla realtà come a un'entità in grado di scegliere e volere è un po' fuorviante. La realtà è del tutto impotente, avendo trasferito tutto il suo potere ai suoi figli prediletti: le coscienze in evoluzione.

PUPILLO. E con il mio potere cosa posso fare?

MENTORE. Ad esempio, puoi scegliere di *rovesciare* la tua visione. Invece di chiedere alla realtà di fare ciò che non può fare, non avendone il potere, chiedi a chi il potere ce l'ha veramente, cioè a te stesso, di adeguare le tue false teorie alla realtà.

PUPILLO. Perché *dovrei* farlo?

MENTORE. Perché fino a prova del contrario vige una legge universale secondo la quale tentare di negare la realtà per mezzo di una falsa teoria produce inizialmente dolore e alla lunga sofferenza. Quindi, *se vuoi* smettere di soffrire, *devi* proprio farlo! Devi volgere il tuo sguardo al grande *specchio* della realtà e trasformare la tua ricerca in *autoricerca*.

PUPILLO. Mi piace questa metafora dello specchio. Ogni volta che esprimiamo una richiesta nei confronti della realtà è come se la stessimo esprimendo nei confronti di noi stessi, cioè delle nostre teorie della realtà.

MENTORE. Proprio così. Un rovesciamento di visione particolarmente significativo, soprattutto se attuato nei confronti di persone a noi molto vicine.

PUPILLO. Immagino che più lo specchio è prossimo e più l'immagine che ci rimanda sia nitida ed accurata.

MENTORE. Vedo che hai afferrato il concetto. A proposito, cosa diceva quella tua teoria sulla tua compagna?

PUPILLO. Che *dovrebbe* essere più comprensiva nei miei confronti. Poi però l'ho corretta, rimpiazzando il verbo "dovere" con il verbo "potere". La versione emendata affermava che: lei *potrebbe* essere più comprensiva nei miei confronti. Devo ammettere che la modifica mi aveva un po' sconcertato, poiché se la mia compagna potrebbe essere più comprensiva, ma non lo è, ciò significa che non desidera esserlo.

MENTORE. Sicuramente non nel modo in cui vuoi tu. Ma se lo desideri puoi spingerti oltre nella tua analisi e comprendere per quale ragione la tua compagna non vuole essere più comprensiva nei tuoi confronti.

PUPILLO. Non vedo come potrei scoprirlo.

MENTORE. Devi solo ricordarti che la tua compagna è parte della tua realtà.

PUPILLO. Vorresti dire che…

MENTORE. Esattamente.

PUPILLO. Wow!

MENTORE. A quanto pare hai appena realizzato qualcosa di importante.

PUPILLO. È davvero una strana sensazione.

MENTORE. Come di grande libertà e potere?

PUPILLO. Sì, forse per la prima volta in vita mia capisco che le cose funzionano esattamente come devono.

MENTORE. A questo punto non hai che da rendermi partecipe della tua grande scoperta.

PUPILLO. È così semplice! Se è vero, come è vero, che la mia compagna è parte della mia realtà, allora non è che non desidera manifestare maggiore comprensione nei miei confronti: semplicemente non può farlo! Infatti, se lo facesse, si adeguerebbe alla mia falsa teoria, e di conseguenza si autonegherebbe. Ma questo non può farlo, dacché la realtà non è in grado di autonegarsi!

MENTORE. Complimenti, hai fatto centro!

PUPILLO. Ma non è tutto, ho capito molto di più: non è lei a doversi adeguare alla mia richiesta! Come giustamente mi hai fatto notare, non è la realtà a doversi adeguare alle mie false teorie, ma io a dovermi adeguare alla realtà, correggendole.

MENTORE. Come fai a sapere che la tua è una falsa teoria?

PUPILLO. Lo so perché mi fa soffrire.

MENTORE. Esatto. Questo è il sintomo inequivocabile che ti permette di individuare le tue false teorie. Ma dimmi: come pensi di procedere per correggere ulteriormente la tua teoria?

PUPILLO. Mi devo solo ricordare che la realtà è come uno specchio. Che quello che voglio cambiare fuori, nella realtà, devo inizialmente cambiarlo dentro, in me stesso.

MENTORE. Hai afferrato il nocciolo della questione. Prova ad applicare questo rovesciamento nel caso specifico della tua teoria sulla tua compagna.

PUPILLO. Vediamo… quando chiedo alla realtà, nelle vesti della mia compagna, di essere più comprensiva nei miei confronti, di fatto lo sto chiedendo a me stesso: sono io a dover essere più comprensivo nei confronti della realtà, e in particolar modo nei confronti della mia compagna. Doppio wow!

MENTORE. Sì, *devi* esserlo *se* desideri smettere di soffrire inutilmente. Sei però anche libero di continuare a coltivare la tua falsa teoria, se desideri soffrire ancora per un po'.

PUPILLO. Dunque non era lei a mancare di comprensione nei miei confronti, ma io a mancare di comprensione nei suoi?

MENTORE. Sì, perché la stavi negando per mezzo di una falsa teoria. Le stavi chiedendo di essere ciò che non poteva essere. E mi sembra che questo significhi mancare decisamente di comprensione nei suoi confronti. A dire il vero, non solo nei suoi confronti, ma anche nei tuoi!

PUPILLO. Che intendi dire?

MENTORE. Con la tua impossibile richiesta ti stavi negando il piacere di relazionarti con lei senza inutili sofferenze. In tal senso, stavi mancando decisamente di comprensione anche nei tuoi confronti.

PUPILLO. Quello che dici è davvero sorprendente… e per di più è di una semplicità disarmante!

MENTORE. Si tratta solo di usare quello che vediamo fuori per guardarci dentro. Trovo che questo processo del "fuori-dentro" non sia stato enfatizzato a sufficienza nella moderna ricerca scientifica. Eppure, in ultima analisi, uno scienziato non agisce primariamente sulla realtà esteriore, bensì sulla realtà interiore, ovvero sulle proprie teorie. Un scienziato è primariamente un esploratore e costruttore di teorie: un autoricercatore!

PUPILLO. Quindi, se voglio correggere efficacemente le mie false teorie, devo solo ricordarmi che quando osservo la realtà mi sto guardando allo specchio, e non ho che da rovesciare la mia visione?

MENTORE. Sì, questo è il metodo.

PUPILLO. Però, ad essere sincero, c'è una parte di me che ancora si rifiuta di credere alla cosa.

MENTORE. Cosa dice più esattamente questa tua parte?

PUPILLO. Dice: come può essere che quando guardo fuori vedo dentro?

MENTORE. Vediamo di aiutarla a rispondere, esaminando il semplice meccanismo della visione fisica. Come abbiamo già osservato, l'energia luminosa può essere filtrata con modalità differenti, a seconda delle caratteristiche degli organi fotorecettori.

PUPILLO. Sì, mi ricordo.

MENTORE. Ovviamente l'organo fotorecettore di un veicolo biologico non va inteso unicamente come "occhio", bensì come sistema "occhio-cervello", poiché la percezione soggettiva dei colori dipende anche dalle caratteristiche del *sistema neuronale* che interpreta i segnali trasmessi dalle cellule fotorecettrici. In altre parole, a una specifica "teoria del colore" corrisponde uno specifico sistema "occhio-cervello".

PUPILLO. Ti seguo, ma dove vuoi arrivare?

MENTORE. Ora vedrai. Come sai, la visione fisica di un oggetto esteriore corrisponde alla percezione di uno stimolo luminoso, emanato da tale oggetto. Ma chi è che percepisce, in ultima analisi, lo stimolo luminoso?

PUPILLO. La coscienza, ovviamente.

MENTORE. Ovviamente. E sei anche d'accordo che una coscienza, per poter percepire lo stimolo, necessita di uno strumento adatto allo scopo?

PUPILLO. Certo. Tale strumento è l'occhio, o più esattamente il sistema occhio-cervello.

MENTORE. Giusto. Possiamo allora dire che l'occhio-cervello è un sistema il cui compito è di interagire con i segnali luminosi in provenienza dal mondo esterno, trasformandoli in qualcosa che può essere "visto" dalla coscienza?

PUPILLO. Certamente.

MENTORE. Molto bene. Adesso dimmi: di che colore è un uovo all'occhio di bue?

PUPILLO. È bianco e rosso. La parte bianca è l'albume, detto anche bianco d'uovo, mentre la parte rossa[13] è il tuorlo.

MENTORE. Ne sei sicuro?

PUPILLO. Assolutamente!

MENTORE. Mi sono dimenticato di dirti che una tua amica ti ha prestato un bellissimo paio d'occhiali molto alla moda, con le lenti tutte rosse.

PUPILLO. E con questo?

MENTORE. Quando hai quegli occhiali sul naso *filtri* tutte le frequenze, tranne quelle relative al colore rosso. Hai mai provato a osservare un uovo all'occhio di bue attraverso delle lenti rosse?

PUPILLO. No, che cosa dovrebbe succedere?

MENTORE. Se osservi un foglio bianco attraverso delle lenti rosse, di che colore è il foglio?

---

[13] Più precisamente, il tuorlo d'uovo è di colore rosso-arancione.

PUPILLO. Rosso immagino.

MENTORE. E questo cosa ti dice?

PUPILLO. Che il colore del foglio cambia a seconda del colore delle lenti che adopero.

MENTORE. Quindi non sarebbe corretto affermare che un uovo all'occhio di bue è bianco e rosso. Di fatto a volte è bianco e rosso, altre volte, quando ad esempio lo guardi attraverso delle lenti rosse, è completamente rosso.

PUPILLO. Sono confuso: di che colore è *realmente* un uovo all'occhio di bue?

MENTORE. Questo è il punto: dipende. Dipende dalla tua teoria del colore. Il colore di un oggetto non deriva unicamente dalle sue proprietà intrinseche, ma anche e soprattutto dal sistema di visione utilizzato. Tale sistema agisce in tutto e per tutto come un *filtro selettivo*, che lascia passare certe frequenze, bloccandone invece certe altre. In altre parole, quando osservi la realtà esteriore, ciò che percepisci, in ultima analisi, è il risultato di un processo di filtrazione, ad opera delle lenti della tua specifica teoria. A dire il vero, il processo è molto più complesso di così, poiché il cervello non filtra solo, ma anche interpreta e rielabora gli input che riceve, a seconda del contesto, come evidenziato nelle famose illusioni ottiche, ma vediamo di non complicare troppo la nostra discussione.

PUPILLO. Ma cosa c'entra questo con la supposizione che quando guardo fuori vedo dentro?

MENTORE. Se il tuo sistema visivo è costituito da delle lenti completamente rosse, quando osservi la realtà cosa vedi?

PUPILLO. Vedo tutto rosso.

MENTORE. E quel "tutto rosso" a cosa corrisponde: al colore della realtà esteriore o al colore della tua teoria della realtà?

PUPILLO. Ho capito dove vuoi arrivare. Il mio occhio-cervello filtra tutta l'informazione cromatica in provenienza dall'esterno. Per cui, ciò che vedo dipende dalle caratteristiche del mio filtro e non dalle caratteristiche della realtà esteriore.

MENTORE. Più precisamente, ciò che vedi dipende *primariamente* dalle caratteristiche del tuo filtro, e solo *secondariamente* dalle caratteristiche della realtà osservata. Se quando guardi fuori vedi dentro è perché primariamente stai osservando la struttura del tuo setaccio interiore, che usi per filtrare l'informazione in provenienza dall'esterno.

PUPILLO. Capisco, se fuori vedo tutto rosso è perché dentro sono tutto rosso, se così si può dire.

MENTORE. Esattamente. Beninteso, il processo della visione fisica è solo una pallida metafora del nostro modo molto più complesso e multidimensionale di interagire con la realtà, ma illustra perfettamente il fatto che l'input che noi riceviamo dall'esterno non è poi così esterno come possiamo credere, dacché prima di essere percepito dalla nostra coscienza viene sistematicamente filtrato dalla nostra oloteoria personale. In altre parole, ciò che primariamente osserviamo è la struttura della nostra oloteoria, cioè la struttura della nostra realtà interiore. Ma dimmi: quella parte di te che rimaneva dubitativa sul meccanismo della realtà specchio, si sta aprendo un po' di più a questa possibilità?

PUPILLO. Brontola ancora, ma con minore intensità.

MENTORE. Bene. La metafora della visione fisica ci consente di far luce, se così si può dire, su un altro importante meccanismo: quello della *cecità cognitiva*. Considera un'ipotetica coscienza il cui sistema visivo è dotato di recettori sensibili unicamente alla frequenza del colore rosso.

PUPILLO. Dunque una coscienza che percepisce la realtà come tutta rossa?

MENTORE. Sì, una coscienza che avverte solo quella parte di realtà in grado di riflettere la frequenza del rosso. Tale coscienza vedrà ad esempio un foglio bianco tutto rosso, perché un foglio bianco è in grado di riflettere un ampio spettro di frequenze, tra cui quella del rosso. Ma un oggetto violetto, che riflette unicamente la frequenza del violetto, resterà perfettamente oscuro alla sua visione.

PUPILLO. Cioè non potrà vederlo?

MENTORE. Esatto, e siccome non potrà vederlo, tale oggetto non farà parte della sua realtà visiva. Lo stesso vale più generalmente per quanto attiene all'intera nostra oloteoria. Noi coscienze sperimentiamo la realtà interagendo con una moltitudine di flussi energetici. Flussi non solo fisici, come ad esempio le onde sonore ed elettromagnetiche, ma anche *extrafisici*, come i pensieri e le emozioni. Similmente al meccanismo della visione fisica, le specifiche della nostra oloteoria vanno a determinare quali di questi flussi possiamo captare e quali invece non siamo in grado di cogliere. La nostra visione-interazione con la realtà comporta necessariamente delle *zone d'ombra*, totalmente oscure, nei confronti delle quali siamo perfettamente ciechi.

PUPILLO. Che cosa sarebbero più precisamente queste zone d'ombra?

MENTORE. Si tratta di possibilità che la nostra oloteoria non contempla ancora. Ti ricordo che noi costruiamo la nostra realtà sulla base di ciò che riteniamo possibile. Quando agiamo queste possibilità le esteriorizziamo a più livelli, in forma di flussi energetici di diversa natura. Ma questi flussi di possibilità non possono cogliere più di quanto già non contengono, così come con delle lenti rosse (o una sorgente luminosa rossa) non siamo in grado di cogliere il colore violetto.

PUPILLO. Se quello che dici è vero, come potrebbe una coscienza evolversi, cioè ampliare lo spettro cromatico delle proprie possibilità e aprirsi alla sperimentazione di elementi del tutto nuovi della propria realtà?

MENTORE. Immagina la coscienza dal sistema visivo rosso mentre osserva due oggetti: una biglia rossa e una biglia violetta. Che cosa vede secondo te?

PUPILLO. Vede un'unica biglia, quella di colore rosso.

MENTORE. Giusto, ma quando guarda nella direzione della biglia violetta, cosa scorge?

PUPILLO. Nulla.

MENTORE. Esattamente. Per quanto la biglia violetta non sia a lei otticamente visibile, è ciò nondimeno visibile la sua *assenza di visibilità*. Si tratta di una visione al negativo, che corrisponde alla percezione di un'assenza di percezioni: un *buco nero*.

PUPILLO. Mi stai dicendo che possiamo percepire la presenza di ciò che si trova oltre l'orizzonte delle nostre possibilità percettive, così come una coscienza dalla vista rossa può percepire la presenza di una biglia violetta sotto forma di un buco nero, di cui non sa determinare il colore?

MENTORE. Esatto. Tutto ciò che può dire è che il buco *non è* rosso. Infatti, per percepire il colore del buco la "coscienza rossa" deve prima evolvere il proprio sistema visivo, ampliando lo spettro di frequenze che è in grado di rilevare.

PUPILLO. Deve prima evolversi in una "coscienza rosso-violetta"!

MENTORE. Sì, in una coscienza il cui sistema visivo è in grado di percepire non solo le frequenze del rosso, ma altresì quelle del violetto.

PUPILLO. Il buco nero sarebbe allora un elemento non manifesto della realtà visiva della "coscienza rossa", una sorta di possibilità ancora potenziale, mentre per una "coscienza rosso-violetta" si tratterebbe di un elemento già manifesto, di una possibilità già attuale?

MENTORE. Proprio così. In termini più generali possiamo affermare che la nostra oloteoria costituisce una complessa *mappa-filtro* della nostra realtà, contenente le descrizionispiegazioni di tutte le nostre possibili esperienze.

PUPILLO. Possibili nel senso di attuali, di già manifeste?

MENTORE. Sì, noi usiamo la nostra *mappa-filtro oloteorica* per manifestarci, vale a dire per orientarci e agire nella nostra vita. Ma non possiamo vedere oltre i limiti dettati dalla risoluzione ed estensione della nostra stessa mappa-filtro.

PUPILLO. Cosa vorresti dire?

MENTORE. Che una mappa è la replica di un territorio, e in quanto replica comporterà sempre delle lacune, delle regioni non ancora descritte, poiché ancora inesplorate. Come quelle che si situano oltre i confini stessi della mappa.

PUPILLO. E cosa ci sarebbe al di là dei confini della nostra mappa-filtro?

MENTORE. Lo sconosciuto, ciò che per definizione si situa oltre le nostre possibilità attuali. Ciò che al momento non siamo in grado di percepire e sperimentare. Ma la cosa interessante è che l'esistenza stessa di tali confini ci rende consapevoli che qualcosa si trova al di là di essi.

PUPILLO. Se ho capito bene, nella misura in cui evolviamo, ampliamo la dimensione e la risoluzione della nostra mappa-filtro, aggiungendo nuove porzioni di territorio e nuovi dettagli.

MENTORE. Sì, nel suo movimento evolutivo la coscienza trasforma le proprie possibilità potenziali – quelle ancora da scoprire o da creare – in possibilità attuali – manifeste – in un processo incessante di *attuazione del proprio potenziale*.

PUPILLO. Ancora però non hai risposto alla mia domanda. Posso certo ammettere che sia possibile percepire la presenza dei nostri limiti e dell'immenso oceano di potenzialità che si trova al di là di essi, ma come possiamo sviluppare strumenti percettivi e cognitivi che ci consentano di spingerci oltre, dal momento che non siamo in grado di sperimentare ciò che ancora non è contemplato dalla nostra oloteoria?

MENTORE. Se fossimo unicamente un'oloteoria di certo non

potremmo farlo. Una mappa non può ampliarsi da sola! Ma chi è colui/colei che amplia la mappa?

PUPILLO. Il proprietario della mappa, l'*esploratore*!

MENTORE. Esatto. L'esploratore è colui/colei che scopre e allo stesso tempo crea quei nuovi territori che sistematicamente annette alla propria mappa-filtro. "Esploratore" è solo uno dei tanti nomi che possiamo dare alla coscienza in evoluzione, e più esattamente al suo aspetto "essere", che ne esprime la dimensione potenziale.

PUPILLO. Vuoi dire che in quanto esploratori già ospitiamo in noi l'intero territorio da esplorare?

MENTORE. Se così non fosse come potremmo attuare il nostro potenziale e rendere manifesto ciò che ancora non lo è? Siamo noi quel potenziale. Siamo noi quella stessa realtà non ancora manifesta.

PUPILLO. Ma in questo caso la nostra non sarebbe una vera esplorazione! Voglio dire: le nostre scoperte sarebbero in realtà delle *riscoperte*, e le nostre creazioni delle *ricreazioni*.

MENTORE. Concordo con te.

PUPILLO. Allora l'esploratore, alias il pilota, alias lo scultore, alias il ricercatore, sarebbe più che altro un *simulatore*, uno che fa finta di scoprire ciò che già conosce, uno che simula di creare ciò che ha già creato.

MENTORE. In un certo senso penso tu abbia ragione. A un livello molto profondo esiste in noi il famoso centro della ruota: l'essere. Ciò che da una prospettiva più esteriore definiamo come possibilità potenziali, non ancora manifeste, dal punto di vista dell'essere sono possibilità già attuali, perfettamente manifeste. Tra l'altro, la tua osservazione ha appena evocato in me un'immagine.

PUPILLO. Quale?

MENTORE. Quella di bambini che *giocano*. Quando i bambini giocano altro non fanno che simulare la realtà dei grandi. Ogni *gioco* è una *simulazione* e ogni gioco è perfettamente *inoffensivo.*

PUPILLO. Secondo te staremmo solo giocando?

MENTORE. Sì, a un gioco che abbiamo iniziato a prendere molto sul serio. Probabilmente troppo sul serio.

PUPILLO. Perché dici così?

MENTORE. Perché l'eccessiva serietà produce identificazione, che a sua volta è il seme della falsa identificazione, della negazione, e infine della sofferenza. E quando si soffre il gioco diventa ancora più serio, il che produce ulteriore identificazione, e via discorrendo. Come vedi, si tratta di un circolo vizioso.

PUPILLO. Come si fa ad uscirne?

MENTORE. Vivere la vita con un po' più di leggerezza può essere una buona strategia. Bada bene però, ho detto "leggerezza", non "superficialità".

PUPILLO. Come si fa a diventare più leggeri?

MENTORE. Solitamente si comincia con lo sbarazzarsi dell'inutile zavorra.

PUPILLO. Le nostre false teorie?

MENTORE. Esattamente.

SINTESI DEL CAPITOLO

Solitamente riteniamo che sia la realtà a doversi adeguare alle nostre teorie. Questa credenza è la madre di tutte le nostre illusioni, da cui trae origine il diniego e la sofferenza.

Se vogliamo porre fine alla sofferenza dobbiamo adeguare le nostre teorie alla realtà. Un modo efficace per farlo è quello di sfruttare il meccanismo della realtà specchio: ciò che vediamo e non accettiamo all'esterno è esattamente ciò che dobbiamo correggere all'interno.

Ogni input che riceviamo è sistematicamente filtrato dalla struttura della nostra oloteoria. Pertanto, quando guardiamo fuori ciò che vediamo è primariamente la nostra realtà interiore, e solo secondariamente la realtà esteriore.

La nostra interazione con la realtà comporta delle zone d'ombra, dei buchi neri percettivi che corrispondono a possibilità non ancora contemplate dalla nostra mappa-filtro oloteorica.

Nella misura in cui evolviamo, ampliamo la dimensione e la risoluzione della nostra mappa-filtro, aggiungendo nuove porzioni di territorio e nuovi dettagli. In questo modo trasformiamo le nostre possibilità potenziali – quelle ancora da scoprire o da creare – in possibilità attuali, manifeste, in un processo incessante di attuazione del nostro potenziale.

11. POTERE

Solo riconoscendo che la realtà non può essere che così com'è, essendo perfetta così com'è, stabiliamo con essa un profondo contatto e accediamo al nostro vero potere di produrre dei cambiamenti.

PUPILLO. Gradirei tornare al meccanismo della realtà specchio, al fatto che quando osserviamo la realtà esteriore quello che vediamo è primariamente il nostro interiore. Vorrei essere sicuro di avere capito questo meccanismo correttamente.

MENTORE. Consideriamo ancora una volta la tua ex teoria sulla tua compagna, quella che afferma che lei dovrebbe essere più comprensiva nei tuoi confronti. Quando la osservi attraverso le lenti (colorate) di questa teoria, ciò che vedi è quella parte di realtà che tu hai etichettato come *incomprensione*. Per usare l'analogia della visione fisica, possiamo supporre che la percezione dell'incomprensione sia per te l'equivalente della percezione del colore rosso.

PUPILLO. Dunque la mia teoria sarebbe una sorta di sistema visivo di tipo rosso.

MENTORE. Esattamente. Quando osservi la tua compagna con questo sistema a base di lenti rosse, ciò che vedi è solo una piccola parte di lei. Più precisamente quella parte che è in grado di riflettere, cioè di rispondere, allo stimolo della tua incomprensione.

PUPILLO. Questo però significa che c'è del rosso nella mia compagna, ossia dell'incomprensione, giusto?

MENTORE. Lei probabilmente non la chiamerebbe così, ma hai ragione: c'è qualcosa in lei che risuona con ciò che tu chiami incomprensione.

PUPILLO. Dunque sono nel giusto quando affermo che dovrebbe essere più comprensiva nei miei confronti!

MENTORE. Fai attenzione perché questo è un punto molto delicato, che è bene tu ti chiarisca fino in fondo. Quando noti dell'incomprensione nella tua compagna stai osservando ciò che in lei riflette il rosso della tua stessa incomprensione. E quale conseguenza di questa tua percezione tendi a rinforzare la tua teoria che sostiene che lei dovrebbe essere più comprensiva nei tuoi confronti. Ma questa teoria è ovviamente falsa.

PUPILLO. Sì, ne abbiamo già discusso. Ma dimmelo ancora una volta: perché è falsa?

MENTORE. Perché nega l'evidenza! Pur vedendo del rosso nella tua compagna, essa afferma che quel rosso non dovrebbe esistere. Ma dal momento che esiste, non può essere vero che non dovrebbe esistere!

PUPILLO. È sempre la solita storia: sto chiedendo a una mela di essere una pera, cioè di essere ciò che non è!

MENTORE. Proprio così. Ma non saltare a conclusioni troppo affrettate su quale "frutto" sia realmente la tua compagna. Ciò che chiami incomprensione, e più precisamente incomprensione nei tuoi confronti, lei potrebbe chiamarlo in tutt'altro modo. Le vostre prospettive sono differenti così come sono differenti le matrici di significati che usate per interpretare le vostre percezioni. In ogni caso, resta il fatto che la stai negando sostenendo che non dovrebbe manifestare incomprensione nei tuoi confronti. Ma la cosa interessante, oltre che sorprendente, è che è proprio la tua falsa teoria a rendere manifesto il rosso che percepisci in lei. In altre parole, similmente a delle lenti rosse che avresti posto sul tuo naso, la tua falsa teoria rileva *unicamente* ciò che risuona alla sua stessa frequenza, trascurando tutto il resto.

PUPILLO. Sono confuso. Credevo di avere adottato la mia falsa teoria quale tentativo di eradicare l'incomprensione che ho scorto in lei. Ora però mi stai dicendo che sarebbe proprio a causa della mia falsa teoria che avrei rilevato siffatta incomprensione.

MENTORE. Vedo che stai incominciando a capire.

PUPILLO. Mi sembra invece di non capire più nulla.

MENTORE. È buon segno. Il tuo dilemma è del tipo: viene prima l'uovo o la gallina?

PUPILLO. Sì, qualcosa del genere.

MENTORE. Dimmi: chi viene prima, l'uovo o la gallina?

PUPILLO. Proprio non saprei.

MENTORE. Naturalmente, la risposta dipende da come si interpreta la domanda. Se intendiamo l'uovo come espressione di possibilità potenziali, allora viene prima della gallina. Ma se adottiamo una prospettiva più ampia, che abbraccia sia la realtà manifesta che la realtà non manifesta, allora l'uovo e il progetto contenuto nell'uovo, ossia la gallina, coesistono simultaneamente. In altre parole, uovo e gallina diventano le due facce di un'unica medaglia, che potremmo chiamare l'*uovogallina*.

PUPILLO. E in che modo questo dovrebbe aiutarmi?

MENTORE. Quando interagisci con la tua compagna formi con lei un sistema del tipo uovogallina. Se osservi questo sistema dalla prospettiva "gallina", ti convinci di avere elaborato la tua teoria in risposta all'incomprensione che pensi di avere scorto in lei.

PUPILLO. Certo, non essendo lei comprensiva nei miei confronti, ritengo che dovrebbe modificare il suo comportamento alfine di diventarlo.

MENTORE. D'altra parte, osservando il sistema dalla prospettiva "uovo", ti accorgi che se percepisci dell'incomprensione in lei è proprio perché stai aderendo alla tua falsa teoria. Ma chi viene prima: la sua presunta incomprensione o la tua ben poco comprensiva teoria nei suoi confronti?

PUPILLO. Hm... un bel dilemma.

MENTORE. Forse un dilemma solo apparente, come quello dell'uovo e della gallina.

PUPILLO. Vorresti dire che il comportamento della mia compagna e la mia falsa teoria sarebbero le due facce di una stessa medaglia?

MENTORE. Esattamente.

PUPILLO. Ma tornando alla metafora visiva, la mia falsa teoria sarebbe l'equivalente di un paio di lenti rosse, attraverso le quali starei filtrando la luce in provenienza dalla mia compagna, giusto?

MENTORE. Sì, è così.

PUPILLO. E quando filtro la luce della mia compagna con il rosso della mia incomprensione percepisco un'immagine di lei tutta rossa, cioè un'immagine di tutto ciò che in lei risuona alla frequenza della mia incomprensione.

MENTORE. Certamente, e quando vedi quelle parti rosse altro non stai vedendo che il rosso che c'è in te, il rosso della tua stessa teoria, riflesso dallo specchio della tua compagna.

PUPILLO. D'accordo ma... quello che mi interessa sapere è se è proprio vero che la mia compagna manca di comprensione nei miei confronti.

MENTORE. Di che colore è un foglio bianco?

PUPILLO. Come scusa?

MENTORE. Non è questo che mi stai chiedendo? Quando filtri la luce della tua compagna attraverso un paio di lenti rosse, la vedi tutta rossa e ti chiedi: è veramente rossa la mia compagna? Il punto è che non potrai mai rispondere a questa domanda fintanto che limiterai lo spettro della tua visione alla sola frequenza del rosso.

PUPILLO. Che cosa posso fare allora?

MENTORE. Puoi ampliare le possibilità cromatiche della tua visione, il che significa correggere le tue false teorie, trasformandole in teorie più avanzate. Se saprai fare questo, potrai nuovamente osservare la tua compagna, interagire con lei, e verificare se è cambiato qualcosa nella tua percezione. Potresti avere delle sorprese.

PUPILLO. Però potrebbe anche essere che malgrado l'evoluzione cromatica della mia teoria, lei risulti sempre tutta rossa.

MENTORE. Certo, ma in tal caso, giacché non coltiverai più l'illusione di volerla a tutti i costi vedere diversa da quello che è, sarai libero di scegliere: potrai rimanere con lei, malgrado la sua monocromia, o potrai cercarti una nuova compagna il cui spettro cromatico sia più affine al tuo. Oppure, terza possibilità, sarà proprio lei a lasciarti, dato che in seguito al tuo ampliamento cromatico comincerà a percepire in te numerosi buchi neri e potrebbe avere l'impressione di non più conoscerti.

PUPILLO. Non ci sarebbe anche una quarta possibilità, quella che consiste nell'aiutare gli altri a cambiare, a migliorarsi, a evolversi? Se scopro che la mia compagna coltiva l'incomprensione nelle sue relazioni, non è forse naturale per chi come me le vuole bene cercare di aiutarla?

MENTORE. Aiutarla a fare cosa?

PUPILLO. A migliorarsi, ad ampliare la gamma delle sue possibilità cromatiche, abbandonando l'incomprensione a favore della comprensione.

MENTORE. Perché vorresti farlo? Così com'è non va bene?

PUPILLO. Non voglio dire questo, è solo che...

MENTORE. È solo che pur non volendo dire questo è esattamente quello che dici!

PUPILLO. Dico solo che se correggesse gli errori insiti nella sua oloteoria diventerebbe una persona migliore.

MENTORE. Migliore per chi? Chi è che ha tutto da guadagnare

da un suo cambiamento?

PUPILLO. Cosa vorresti dire?

MENTORE. Che è la solita vecchia storia. Dal momento che non sei disposto a modificare la tua falsa teoria, speri che sia la realtà a cambiare, adeguandosi ad essa! Nella fattispecie, non riuscendo a manifestare una vera comprensione nei confronti della tua compagna, deleghi a lei l'onere di tale cambiamento.

PUPILLO. Guarda che mi hai frainteso, non stavo dicendo questo! Concordo con te sul fatto che i miei sistemi di credenza influiscono sulle mie percezioni. Voglio dire, ho capito di avere la mia parte di responsabilità per quel paio di lenti rosse che ho messo sul naso, e che mi hanno fatto vedere la mia compagna necessariamente tutta rossa. Quello che cercavo di dirti è un'altra cosa: se dopo essermi tolto gli occhiali continuo a vedere la mia compagna tutta rossa, in tal caso, e solo in tal caso, penso sia lecito volerla aiutare, affinché anche lei possa ampliare la sua visione. Non cerco più di negarla, solo di aiutarla!

MENTORE. Aiutarla a essere diversa da ciò che in quel momento ha scelto o è in grado di essere, è così?

PUPILLO. Non è quello che voglio dire…

MENTORE. Eppure è esattamente quello che dici. Da un lato affermi di esserti tolto quegli occhiali, ma dall'altro ti esprimi come se li avessi ancora sul naso.

PUPILLO. Che cosa avrei detto di così sbagliato?

MENTORE. È solo che non sei coerente. Da un lato dici di accettare la realtà così com'è, ma dall'altro affermi che sarebbe meglio se fosse diversa da ciò che è.

PUPILLO. Che male c'è nel voler cambiare la realtà?

MENTORE. Nulla, beninteso. Tra l'altro lo fai continuamente. Ma se vuoi produrre dei cambiamenti armonici e profondi devi prima imparare ad accettare la realtà esattamente per quello che è, *incondizionatamente*.

PUPILLO. Non capisco, per cambiare la realtà dovrei desiderare di non cambiarla? Mi sembra alquanto paradossale!

MENTORE. Capisco, ma questo è il grande segreto. Per poterla cambiare la devi accettare incondizionatamente, nel senso che la devi affermare incondizionatamente. Devi riconoscerla per quello che è, e devi riconoscere che non può essere in nessun altro modo se non così com'è. E che è perfetta così! Solo sulla base di un tale riconoscimento potrai entrare in pieno contatto con la realtà e accedere al tuo potere naturale di produrre dei cambiamenti. Per dirla in altri termini, per produrre un vero cambiamento devi prima stabilire un rapporto autentico con la realtà. E un rapporto autentico richiede *amore incondizionato*. Non quel falso amore che dice "ti amo a condizione che…", ma un amore vero che si dichiara in totale assenza di condizioni.

PUPILLO. Quindi secondo te il mio amore per la mia compagna non sarebbe sincero?

MENTORE. Se per amore sincero intendi amore incondizionato, allora è esattamente quello che sto dicendo. Poiché affermi, sebbene indirettamente, che la ameresti ancor di più se lei correggesse gli errori insiti nella sua oloteoria. Potrai anche mascherare questa condizione convincendoti che vuoi solo aiutarla, ma resta il fatto che si tratta di un sottile ricatto affettivo, che si fonda su un tentativo di negare tutto ciò che in lei non ti piace, come quella sua parte rossa che tu chiami incomprensione.

PUPILLO. Ho l'impressione che tu stia esagerando: le mie intenzioni sono buone.

MENTORE. Com'è che dice il proverbio? Di buone intenzioni sono lastricate le vie dell'inferno.

PUPILLO. A sentire te le persone dovrebbero smettere di pensare al bene degli altri. Il mondo è già un mezzo schifo, se per di più diventiamo tutti egoisti di certo non migliorerà!

MENTORE. Che il mondo sia o meno uno schifo, o un mezzo schifo, questo dipende dalla teoria che adotti nel valutarlo e certamente non dal mondo in quanto tale. Per quanto attiene invece al facile altruismo, posso assicurarti che se sapessi per certo che qualcuno sta venendo a casa mia col deliberato proposito di farmi del bene, scapperei a gambe levate![14]

PUPILLO. Che intendi dire?

MENTORE. Che non si tratta di diventare più egoisti, ma più *centrati*. Poiché più siamo centrati e meno siamo egoisti.

PUPILLO. Ancora una volta, mi sembra un'affermazione decisamente paradossale.

MENTORE. Può sembrare, ma non lo è. Per più centrati intendo dire più con*centrati*, ognuno sulla propria oloteoria, e meno concentrati sull'oloteoria degli altri. Detto in parole povere: dovremmo imparare a farci maggiormente gli affari propri!

PUPILLO. Perché dovremmo?

MENTORE. Dovremmo farlo se vogliamo rimuovere la sofferenza dalla nostra vita e permettere agli altri, tramite il nostro esempio, di fare altrettanto. Se invece ci diletta continuare a soffrire, allora è indubbiamente più vantaggioso andare avanti a fare quello che abbiamo sempre fatto, così da ottenere quello che abbiamo sempre ottenuto.

PUPILLO. Continuo a non capire. Volere aiutare la mia compagna a cambiare… mi sembra una nobile causa.

MENTORE. Che si tratti della tua partner o di qualsiasi altra persona, il problema sta nel pretendere di fare il suo bene aiutandola a raggiungere un obiettivo che è il tuo, non il suo. Ma questa presunzione serve unicamente a giustificare la tua ingerenza nella sfera intima di quella persona, con lo scopo di manipolare a tuo favore il suo mondo interiore.

---

[14] Si tratta di un celebre pensiero del filosofo americano H. D. Thoreau, che nel 1845 scriveva: "Non c'è odore peggiore di quello della bontà andata a male [...] Se sapessi per certo che qualcuno sta venendo a casa mia col deliberato consenso di farmi del bene, scapperei a gambe levate".

PUPILLO. Ma se è per il suo bene...

MENTORE. È proprio questa la contraddizione: tu non hai voce in capitolo riguardo al bene degli altri. L'unico bene di cui ti è dato occuparti, e del quale sei autorizzato a deliberare, è il tuo. Purtroppo è anche l'unico di cui solitamente non ti occupi.

PUPILLO. Cosa significa allora fare il bene degli altri?

MENTORE. Significa migliorare sé stessi, affinché la propria interazione con gli altri risulti più armonica e meno ambigua. Significa occuparsi primariamente del proprio bene, ossia della propria salute evolutiva. E significa smettere di volere a tutti i costi occuparsi del bene degli altri, pretendendo di sapere cosa è meglio per loro, poiché questo non lo sapremo mai. In questo modo gli altri potranno ispirarsi al nostro comportamento, al nostro esempio, e decidere a loro volta, *liberamente,* di responsabilizzarsi per la propria evoluzione, sempre che questo sia ciò che veramente desiderano.

PUPILLO. Che dire allora del rapporto tra genitori e figli? Non è forse un dovere dei genitori occuparsi del bene dei propri figli?

MENTORE. Tra genitori e figli sussiste un contratto secondo il quale le coscienze figlie conferiscono alle coscienze genitrici il mandato di occuparsi del loro veicolo biologico, fino al raggiungimento dell'età adulta. Sul piano della coscienza siamo dunque in presenza di entità perfettamente libere e autonome che stringono uno specifico accordo, sulla base del quale i figli delegano *temporaneamente* ai genitori il compito di operare delle scelte per loro conto, sino al raggiungimento della piena maturità. In tal senso, e solo in tal senso, è possibile affermare che una madre, o un padre, sanno cosa è bene per i loro figli. Ma una volta raggiunta l'età adulta, il contratto scade, e se i genitori continuano a pretendere di sapere qual è il bene dei loro figli vengono meno ai termini dell'accordo. Quello che prima era un sostegno, una protezione, si trasforma allora in una trappola micidiale, che rischia di impedire ai figli di raggiungere la piena maturità affettiva, intellettuale, sociale, ecc.

PUPILLO. Lo vedi però che anche tu, se non altro nel ristretto ambito della parentela biologica, riconosci che a volte è necessario aiutare un altro essere umano.

MENTORE. Non sto cercando di rimettere in questione il principio di assistenza al prossimo, tutt'altro! Sto solo dicendo che non puoi aiutare veramente una coscienza se prima non sei disposto a riconoscere e accettare pienamente la sua condizione, qualunque essa sia. Questa mancata accettazione spiega perché le persone si sentono abitualmente così impotenti nell'aiutare sé stesse e gli altri.

PUPILLO. La nostra impotenza sarebbe la conseguenza di un problema di non accettazione?

MENTORE. Sì, non accettazione nel senso di negazione di ciò che è. Negazione di noi stessi, dell'altro e della realtà in generale.

PUPILLO. Dunque la negazione non produrrebbe solo sofferenza, ma altresì impotenza?

MENTORE. Le due cose sono collegate.

PUPILLO. Mi è chiaro il meccanismo della negazione che produce sofferenza, ma non sono sicuro di capire perché produrrebbe anche impotenza.

MENTORE. Il processo di negazione interferisce con il tuo potere naturale di produrre dei cambiamenti nella realtà. Abbiamo già toccato questo argomento in relazione al meccanismo dell'autocorruzione, ma se vuoi possiamo schiarirci ulteriormente le idee considerando l'esempio di un'azione semplicissima, come quella di bere un bicchiere d'acqua! Che ne pensi?

PUPILLO. Per me va bene, tra l'atro mi è venuta una gran sete.

MENTORE. Bere un bicchier d'acqua è un'*azione-creazione* che siamo tutti in grado di compiere senza difficoltà. In altre parole, abbiamo una piena padronanza di questo specifico processo di cambiamento. Ora, se le persone si chiedessero perché sono in grado di attingere al loro pieno potere quando si tratta di bere un bicchiere d'acqua, potrebbero applicare le loro conclusioni a ogni ambito della loro vita e imparare a creare con grande efficienza ed efficacia.

PUPILLO. Ma se tutti, o quasi tutti, riescono senza problemi a bere un bicchiere d'acqua, non è proprio perché si tratta di un'azione semplicissima?

MENTORE. Ne sei sicuro? Non potrebbe essere vero esattamente l'incontrario, ossia che l'azione ci sembra semplicissima perché quando beviamo un bicchiere d'acqua siamo in pieno contatto con il nostro potere personale?

PUPILLO. Devo dire che non ho mai riflettuto alla cosa da tale prospettiva.

MENTORE. Se ci pensi, bere un bicchiere d'acqua non è un'azione tanto semplice. Quando eravamo ancora dei bebè non sapevamo raggiungere questo obiettivo autonomamente, mancando di coordinazione a livello motorio. Ancora oggi, da adulti, ci accade di mancarlo, quando il bicchiere ci scivola a terra e si rompe, magari a causa di un'eccessiva oscurità, o perché stiamo pensando ad altro, o ancora perché stiamo sperimentando i postumi di una sbornia e manchiamo della dovuta lucidità. Ma a parte queste eccezioni, la consuetudine è che quando abbiamo sete e decidiamo di servirci un bicchiere d'acqua, la nostra azione si risolve in un pieno successo. La domanda fondamentale che possiamo allora porci è: perché con un bicchiere d'acqua siamo così bravi a creare, mentre con altri aspetti della nostra vita le cose non funzionano così facilmente?

PUPILLO. Secondo te la chiave per superare il nostro senso di impotenza sarebbe racchiusa in un semplice bicchiere d'acqua? Sono proprio curioso: cosa facciamo di così sorprendente quando beviamo un bicchiere d'acqua?

MENTORE. Più che chiederti cosa facciamo dovresti chiederti cosa *non* facciamo. Infatti, quando beviamo un bicchiere d'acqua e otteniamo pieno successo dalla nostra azione-creazione, quello che *non* facciamo è: *negare* il bicchiere d'acqua!

PUPILLO. Gira che ti rigira c'è sempre di mezzo la negazione.

MENTORE. Sì, quando le cosa non funzionano c'è sempre lo zampino della negazione. Quando invece filano lisce è perché il diniego è venuto meno.

PUPILLO. Ma cosa vorrebbe dire che non neghiamo il bicchiere?

MENTORE. Semplicemente che la nostra teoria del bicchiere è compatibile con la realtà del bicchiere che si trova di fronte a noi in quel momento.

PUPILLO. Potresti essere più esplicito?

MENTORE. D'accordo. Cerchiamo un esempio di falsa teoria del bicchiere, tale da impedire a una coscienza assetata di creare con successo uno stomaco pieno d'acqua fresca. Hai per caso un'idea?

PUPILLO. Che ne dici di una teoria che pur descrivendo correttamente la forma del bicchiere, la qualità del vetro e il liquido che contiene, ne determina erroneamente la posizione nello spazio?

MENTORE. Un ottimo esempio. Agire per mezzo di questa teoria equivarrebbe a cadere vittime di un miraggio percettivo, che ci fa credere che il bicchiere si trovi là dove invece non è.

PUPILLO. Se non sbaglio sperimentiamo un fenomeno simile quando osserviamo un oggetto sottacqua e immergiamo una mano nel tentativo di raccoglierlo.

MENTORE. Sì, il fenomeno di cui parli è dovuto alla *rifrazione* delle onde luminose che passando da un mezzo fisico all'altro subiscono un cambiamento nella direzione di propagazione. Se non teniamo conto di questo effetto, non possiamo determinare correttamente la posizione dell'oggetto immerso e rischiamo così di mancarlo. Ma per tornare al nostro bicchiere, quello che ci interessa non è tanto stabilire per quale strano meccanismo psicofisico riteniamo che si trovi in una posizione piuttosto che in un'altra, quanto determinare le conseguenze di un tale errore di valutazione. Immagina di credere fermamente nella tua falsa teoria del bicchiere e di volerti dissetare. Che cosa pensi che accadrà?

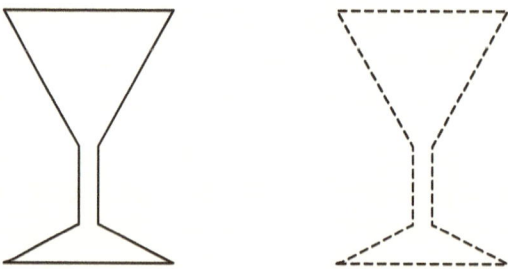

PUPILLO. Quando proverò ad afferrarlo coglierò soltanto un pugno di mosche!

MENTORE. Esattamente, e ciò significa che la tua falsa teoria ti ha tolto aderenza alla realtà. E senza una buona presa non sei più in grado di agire su di essa e dissetarti.

PUPILLO. Per cui dobbiamo sempre tornare a noi, alla nostra realtà interiore, alla messa a punto delle nostre false rappresentazioni?

MENTORE. Sì, per produrre un qualsivoglia cambiamento dobbiamo disporre di una teoria funzionante, senza la quale non è possibile stabilire un pieno contatto con la sostanza del reale. Tra l'altro, visto che stiamo parlando di "toccare", permettimi un breve excursus sul senso del tatto. Abbiamo lungamente discusso del meccanismo della visione fisica, come illustrazione del funzionamento della realtà specchio. Ma lo stesso vale anche per il meccanismo del tatto, dacché vedere e toccare non sono processi poi così differenti. Quando guardiamo un oggetto lo "tocchiamo" per mezzo di raggi-tentacoli luminosi e da quel tocco riceviamo un segnale riflesso, di ritorno, attraverso il quale ci formiamo una rappresentazione interiore dell'entità osservata.

PUPILLO. Il segnale di ritorno viene però filtrato e interpretato dal nostro sistema visivo, pertanto ciò che vediamo non è primariamente l'entità esteriore, bensì la struttura del nostro corpomente, della nostra oloteoria, dico bene?

MENTORE. Dici bene. Considera ora anziché la vista il tatto, e chiediti: quando interagisci con un oggetto, toccandolo, sei tu a toccare l'oggetto o è l'oggetto a toccare te?

PUPILLO. Come scusa?

MENTORE. Quando tocchi un bicchiere d'acqua, sei tu a toccare il bicchiere o è il bicchiere a toccare te?

PUPILLO. Ovviamente sono io a farlo, dato che sono io ad agire sul bicchiere.

MENTORE. Questo è vero, ma la mia domanda non è da intendere in questo senso. Quando tocchi il bicchiere stai percependo il bicchiere oppure, attraverso il bicchiere, stai percependo la tua mano?

PUPILLO. Lo sai che fai proprio delle strane domande? Probabilmente sono valide entrambe le prospettive: percepisco sia il bicchiere che la mia mano.

MENTORE. Proprio così. Però, come tu stesso hai ammesso, altrimenti non avresti definito strana la mia domanda, solitamente siamo più consapevoli di toccare il bicchiere e meno consapevoli, o per nulla consapevoli, che per mezzo del bicchiere stiamo toccando anche la nostra mano. In altre parole, non siamo abitualmente consapevoli che ogni volta che tocchiamo qualcosa ci stiamo altresì toccando.

PUPILLO. Davvero interessante, ma cosa c'entra con la nostra discussione sul potere?

MENTORE. Immagina per un momento di avere mani molto ruvide, ma senza esserne consapevole. Quando tocchi qualcosa qual è la tua sensazione?

PUPILLO. Di ruvidità?

MENTORE. Sì, percepirai ogni entità materiale come molto ruvida, quando invece la ruvidezza è insita nella tue mani. Potresti allora desiderare di rendere la realtà un po' più liscia, procurandoti ogni sorta di strumento con lo scopo di levigare le asperità che percepisci negli oggetti che tocchi. Ma malgrado la tua assiduità, la tenacia, gli sforzi e le risorse messe in atto, il risultato sarà sempre lo stesso: la realtà rimarrà fatalmente ruvida al tuo tatto! In altre parole, scoprirai di essere totalmente *impotente* nel modificare la grana della tua realtà.

PUPILLO. Ora capisco: se solo divenissi consapevole che quando tocco la realtà primariamente tocco me stesso, e solo secondariamente la realtà, potrei intuire che la ruvidezza che percepisco è essenzialmente di natura endogena, non di natura esogena.

MENTORE. Già, ma l'abitudine a guardare sempre fuori e quasi mai dentro non aiuta a risvegliare questa consapevolezza. Così, potresti continuare a lungo nel tuo tentativo di cambiare la realtà esteriore, levigando senza successo le diverse entità con cui entri in contatto, quando invece dovresti semplicemente lisciare il tuo strumento oloteorico, usando ad esempio una buona crema per le mani.

PUPILLO. Quindi, ogni volta che mi percepisco impotente nel produrre un determinato cambiamento, dovrei sempre cominciare con il rovesciare la mia visione e verificare che il problema non sia interiore, anziché esteriore?

MENTORE. Non dovresti farlo, ma di certo potresti farlo! Comunque, nella realtà esteriore troverai sempre numerosi indizi che ti suggeriranno di volgere il tuo sguardo verso l'interno. Ad esempio, il fatto che superfici di apparenza diversa vengono da te percepite con il medesimo grado di ruvidezza potrebbe insospettirti, suggerendoti di spostare la tua indagine dagli oggetti misurati allo strumento di misura. Allo stesso modo, potrebbe insospettirti il fatto che ci sono persone con apparentemente le tue stesse caratteristiche, ma che non percepiscono come te una realtà omniruvida. Cosa distingue queste persone da te? Per quale motivo la loro percezione della realtà è così diversa dalla tua?

PUPILLO. Ponendomi queste domande dirigerei automaticamente la mia attenzione verso il corpomente, verso la mia oloteoria, e non più verso la realtà esteriore.

MENTORE. Esattamente. Se per un'altra coscienza è possibile percepire non solo ruvidezza ma altresì morbidezza, allora, se riesci a capire cos'è che fa che tu non fai, e lo fai anche tu, potresti avere accesso a tua volta all'esperienza della morbidezza.

PUPILLO. Secondo te siamo sempre in grado di seguire le orme di un'altra coscienza? Voglio dire: possiamo sempre raggiungere i traguardi evolutivi conseguiti da chi è, per così dire, più avanzato di noi?

MENTORE. Non vedo ragioni per non ritenerlo, sebbene non sia possibile dimostrare che un tale principio di *riproducibilità evolutiva* abbia validità assoluta. Ma fino a prova del contrario è sicuramente un'ottima ipotesi sulla quale fondare il nostro percorso evolutivo.

PUPILLO. Cosa intendi con il termine di "riproducibilità evolutiva"?

MENTORE. Intendo che nessuna coscienza, malgrado le evidenti caratteristiche di unicità, possiede una posizione privilegiata all'interno del maxi meccanismo evolutivo. Le potenzialità evolutive sono omogeneamente distribuite tra tutte le coscienze, di modo che se qualcosa è possibile per te allora è ragionevole supporre che lo sia anche per me, a condizione beninteso che io agisca di conseguenza.

PUPILLO. Capisco, se incontro una persona dalle mani lisce che percepisce una realtà non solo ruvida, ma altresì morbida, posso ragionevolmente sperare di rendere le mie mani altrettanto lisce che le sue, e accedere al suo stesso tipo di percezioni.

MENTORE. Sì, ma per fare questo dovrai usare un metodo equivalente al suo, come ad esempio applicare regolarmente una crema per le mani, oppure migliorare il metabolismo della tua pelle attraverso un'alimentazione più nutriente. In altre parole, quando incontriamo una coscienza che ha saputo correggere i propri falsi sistemi di credenza e accedere a modalità più avanzate di rapportarsi con la realtà, possiamo ragionevolmente supporre che lo stesso sia possibile per noi, se solo scegliamo di percorrere un cammino di *conoscenza* e *chiarificazione* equivalente al suo.

SINTESI DEL CAPITOLO

Quando accettiamo la realtà per quello che è, stabiliamo con essa un pieno contatto e accediamo al nostro vero potere di produrre dei cambiamenti.

La nostra impotenza è essenzialmente riconducibile a un problema di non accettazione (nel senso di negazione). Quando ci sentiamo impotenti nell'aiutare noi stessi (o un'altra coscienza) è perché non accettiamo pienamente e/o incondizionatamente la nostra (o altrui) condizione.

Per produrre un cambiamento il primo passo è sempre quello di verificare il buon funzionamento del nostro strumento oloteorico, così da stabilire un pieno contatto con la sostanza del reale.

Per aiutare gli altri dobbiamo prima di tutto aiutare noi stessi, dedicandoci maggiormente all'evoluzione della nostra oloteoria.

Aiutare gli altri significa riconoscere che non abbiamo voce in capitolo riguardo al loro bene, poiché l'unico bene di cui ci è dato occuparci è il nostro. Purtroppo, è anche l'unico di cui solitamente non ci occupiamo, delegando agli altri l'onere e la responsabilità della nostra evoluzione.

Fino a prova del contrario le potenzialità evolutive sono omogeneamente distribuite tra le diverse coscienze in evoluzione.

12. SCELTE

Siamo liberi di amare o non amare ciò che siamo. Se scegliamo di amarci la nostra vita è un paradiso. Se scegliamo di non amarci la nostra vita è un inferno.

PUPILLO. Parlando di chiarificazione, non credo di avere compreso fino in fondo la tua posizione sulla questione dell'aiuto al prossimo. A sentire te, ad eccezione di quando assumiamo il ruolo di genitori biologici, non dovremmo mai occuparci di aiutare gli altri.

MENTORE. Non ho mai detto una cosa simile. Una tale affermazione costituirebbe un'evidente negazione della realtà. Spesso e volentieri le coscienze si aiutano e si sostengono vicendevolmente lungo il cammino evolutivo.

PUPILLO. Però hai affermato che non abbiamo voce in capitolo riguardo al bene degli altri. Che l'unico bene di cui ci è dato occuparci è il nostro.

MENTORE. Sì, poiché quando pretendiamo di sapere cosa è meglio per un'altra persona, non facciamo altro che manipolarla, alfine di conseguire un vantaggio personale, il più delle volte a scapito dell'altro. In questo modo, neghiamo la natura profonda dell'essere-coscienza che si trova di fronte a noi, disconoscendo il suo diritto naturale di esprimere liberamente e creativamente la propria visione della realtà.

PUPILLO. D'accordo, ma se incontri una persona in difficoltà sul ciglio della strada che cosa fai, passi avanti senza degnarla di uno sguardo solo perché è una coscienza che si sta liberamente autodeterminando?

MENTORE. Non so dirti quale sarà la mia azione-reazione. Ogni incontro è unico. Passerò avanti o mi fermerò? Non c'è una regola di condotta prestabilita.

PUPILLO. Sarà, ma nel nostro codice penale l'*omissione di soccorso* è punita severamente.

MENTORE. Di sicuro di fronte a una persona in imminente pericolo di morte biologica *dobbiamo* prestare soccorso *se vogliamo* non incorrere nella pena prevista dal codice penale. Ma se accettiamo il rischio di incorrere nella pena, allora possiamo anche non intervenire.

PUPILLO. Dove vuoi arrivare dicendo questo?

MENTORE. Il punto della questione non è stabilire se mi fermo o se proseguo, ma chiarire per quale ragione lo faccio. Per evitare la pena detentiva prevista dal codice penale? Per paura di disobbedire all'imperativo morale del dio della mia religione, di cui forse temo il castigo? O magari per poterlo raccontare a tutti, così da dimostrare che sono un essere davvero compassionevole e degno di ammirazione? O allora perché la condizione miserabile di quella persona mi disturba e aiutarla è solo un modo molto efficace di sbarazzarmi della sua imbarazzante visione, foriera di sensi di colpa?

PUPILLO. Capisco, il più delle volte il nostro aiuto è solo una maschera di altruismo e generosità, con la quale nascondiamo le nostre vere intenzioni.

MENTORE. Sì, il più delle volte il nostro aiuto è motivato dal desiderio di ottenere uno specifico vantaggio personale, o dalla paura di incombere in un giudizio, sia esso espresso dalla gente, dal codice penale, o addirittura dal dio della religione in cui crediamo (e in ultima analisi da noi stessi!). Ma il vero aiuto è un'altra cosa: è uno slancio spontaneo e incondizionato che non mira all'ottenimento di uno specifico interesse. È un movimento che parte dalla totalità e si muove nella totalità indivisa dell'essere-coscienza. Quando aiutiamo qualcuno partendo da tale postura interiore, riconosciamo automaticamente che le scelte dell'altro non ci appartengono.

PUPILLO. Però tramite le nostre azioni le influenziamo.

MENTORE. Hai ragione, la nostra presenza-esistenza nella realtà è di per sé sufficiente a modificare il campo di possibilità delle altre coscienze partecipatrici. Il nostro corpomente, infatti, funziona come un *epicentro energetico* che irradia continuamente la sua "luce oloteorica". Volenti o nolenti influenziamo sempre le scelte delle altre coscienze. Bada bene però: le influenziamo, ma non le determiniamo.

PUPILLO. Dunque, in ultima analisi, le coscienze attuerebbero sempre le loro scelte in modo perfettamente libero e autonomo, indipendentemente da qualsivoglia influenza esterna?

MENTORE. Sì, sebbene il più delle volte le apparenze sembrano suggerirci il contrario. Ma non dobbiamo confondere una vera scelta con un condizionamento, che è una reazione di natura meccanica che ha solo l'apparenza di una scelta. Se guardiamo in profondità, oltre la superficie delle nostre reazioni meccaniche, possiamo percepire la presenza di un nucleo incondizionato, il famoso centro della ruota, il fulcro esserico da cui emerge ogni nostra scelta veramente libera, spontanea e creativa. È in relazione a questo centro che possiamo ragionevolmente affermare che nessuno ha il potere di attuare una scelta in nostra vece.

PUPILLO. Dunque, a maggior ragione, nemmeno possiamo ritenerci responsabili delle scelte altrui.

MENTORE. Ovviamente. In controparte però, siamo al 100% responsabili per ognuna delle nostre scelte. Questa è la *regola aurea* del grande gioco di cocreazione tra le coscienze in evoluzione. Una sorta di equivalente sul piano dell'essere del famoso *principio di esclusione di Pauli*.

PUPILLO. Mai sentito nominare.

MENTORE. Wolfgang Pauli era un famoso fisico teorico, oltre che studioso della coscienza, che nel 1925 formulò un principio di fisica che oggi porta il suo nome. Secondo il principio di Pauli, se un'entità elementare – ad esempio un elettrone[15] – si trova in un determinato stato, allora questo stato è automaticamente escluso per qualsiasi altra entità dello stesso tipo, in tutto l'universo. Analogamente al principio di esclusione di Pauli, valido per la fisica, vigerebbe un principio metafisico di *esclusione coscienziale*, secondo il quale nessuna coscienza è in grado di assumere uno stato coscienziale già occupato da un'altra coscienza e operare delle scelte in sua vece. Per dirla in parole povere, ogni corpomente, in quanto espressione di uno specifico stato coscienziale, può essere occupato e guidato solo dal suo legittimo proprietario.

PUPILLO. Però, se ho capito bene, la mutua partecipazione delle coscienze alla grande danza della realtà farebbe sì che queste si influenzino incessantemente, alterando i rispettivi campi di possibilità, dunque le probabilità di attuare determinate scelte?

MENTORE. Certo, così come un elettrone, modificando le proprietà elettriche dello spazio fisico circostante, influenza i possibili stati di ogni altro elettrone presente nell'universo materiale. Ogni coscienza individuale è un epicentro che promuove la propria visione della realtà. Visione che potrà essere ampliata o interferita dalle altre coscienze, a dipendenza dei rispettivi orientamenti.

PUPILLO. Dunque, se ci sono altre coscienze in grado di interferire con la nostra visione, a dispetto della nostra libertà di scelta non possiamo fare sempre tutto ciò che vogliamo.

MENTORE. Concordo, le coscienze in evoluzione possiedono tutte il medesimo *potenziale evolutivo*, e se lo desiderano possono raggiungere tutte gli stessi traguardi evolutivi. D'altra parte, il *potere personale* di una coscienza, il campo di esperienze che è tecnicamente in grado vivere nel suo presente, varierà a seconda del contesto in cui si trova e del livello evolutivo raggiunto. Ma per avanzata che sia, ci sono cose che

---

[15] Il principio di Pauli si applica ad ogni entità della grande famiglia dei fermioni, che comprende ad esempio i neutroni e i protoni.

una coscienza non sarà mai in grado di fare, come imporre il proprio volere a un'altra coscienza.

PUPILLO. Eppure, ho l'impressione che questo spesso accade.

MENTORE. Se qualcuno ti obbliga con la forza, fisica o psichica, ad attuare una determinata scelta, allora non si tratta più di una *tua* scelta. È impossibile imporre le nostre scelte agli altri poiché una scelta imposta, resa obbligatoria, non è più una vera scelta.

PUPILLO. Quindi, volenti o nolenti, dobbiamo sempre fare i conti con il volere espresso dalle altre coscienze in evoluzione?

MENTORE. Esatto, dobbiamo sempre scendere a patti con la realtà, nel senso di muoverci *assieme* ad essa, anziché *contro* di essa. Quando invece cerchiamo di imporre una nostra scelta a un'altra coscienza, quant'anche a fin di bene, ci muoviamo contro la realtà, la neghiamo, pretendendo di attuare un'impossibilità.

PUPILLO. Una sorta di delirio di onnipotenza!

MENTORE. Che alla lunga produce esattamente il suo contrario: un grande senso di impotenza e una profonda sofferenza. Poiché è impossibile attuare un'impossibilità!

PUPILLO. Capisco, dobbiamo creare *con* la realtà e non *contro* la realtà, solo così può funzionare.

MENTORE. Esatto. Per prima cosa dobbiamo stabilire un pieno contatto con la realtà. Questo può avvenire solo se passiamo dalla negazione all'affermazione incondizionata. Successivamente, una volta stabilito il contatto ed entrati pienamente a far parte della grande danza, possiamo contribuire al movimento d'insieme con il nostro personale impulso creativo.

PUPILLO. Ma questo solitamente non avviene, a causa del nostro processo di negazione.

MENTORE. A dire il vero avviene comunque, a prescindere dal nostro diniego.

PUPILLO. Ma non hai appena finito di dire che quando neghiamo la realtà perdiamo contatto?

MENTORE. È solo un modo di dire. Quando neghiamo la realtà è solo *come se* lo perdessimo, sebbene di fatto non lo perdiamo mai.

PUPILLO. Eppure, il tuo esempio del bicchiere sembrava parlare chiaro.

MENTORE. A voler essere accurati dovremmo dire che quando neghiamo la realtà, o meglio quando tentiamo di farlo, semplicemente non ci muoviamo più in modo armonico con la grande danza. Danziamo fuori ritmo, ma stiamo comunque danzando.

PUPILLO. Quando nego la realtà di un bicchiere per mezzo di una falsa teoria che ne disconosce la posizione, non sto forse perdendo contatto con la realtà del bicchiere, dunque con la realtà stessa?

MENTORE. Sì, ma pur perdendo contatto con la realtà del bicchiere, acquisisci contatto con la realtà del "pugno di mosche", che la tua mano stringerà al posto del bicchiere. Non c'è altro posto dove andare al di fuori della realtà. Sei sempre in contatto con qualcosa. Sei sempre nella realtà, che tu lo voglia o no. Stai sempre danzando, che tu ne sia consapevole o meno. Il punto è: come ti relazioni con la realtà, cioè con gli altri danzatori? Riconosci il loro ritmo specifico, la loro posizione, o proietti su di loro delle figure illusorie? Riesci a cogliere il movimento d'insieme, a sentirlo, a seguirlo, ad armonizzarti e creare con esso, o ti muovi sempre e faticosamente controcorrente?

PUPILLO. Come posso sapere se mi sto muovendo controcorrente?

MENTORE. Quando lo fai solitamente soffri. Come quando vuoi rendere la tua compagna una coscienza più evoluta, cercando di *negarla a fin di bene*.

PUPILLO. Negarla a fin di bene… una curiosa espressione.

MENTORE. Si tratta di un *ossimoro*: una contraddizione in termini. Non possiamo fare il bene di qualcuno se la nostra azione-intenzione ne produce la negazione. È come volere il bene di una formica pretendendo che diventi un gatto, poiché riteniamo che un gatto, essendo un veicolo di manifestazione più avanzato di una formica, sia per questo migliore.

PUPILLO. Se la metti così, una tale richiesta sembra infatti pura follia.

MENTORE. Come possiamo pretendere di sapere cosa desidera una formica, quando nemmeno la conosciamo?

PUPILLO. La mia compagna però un po' la conosco.

MENTORE. Ne sei sicuro? Come puoi pensare di conoscerla fintanto che non ti sei sbarazzato delle tue false teorie nei suoi confronti? Come quella che afferma che dovrebbe farsi aiutare da te per diventare una coscienza migliore, secondo i tuoi personalissimi criteri sulla questione.

PUPILLO. Hm... secondo te solo quando mi sarò sbarazzato delle mie false teorie, che offuscano la mia visione e il mio giudizio, solo allora potrò dire di conoscere la mia compagna?

MENTORE. Sì, poiché solo allora potrai entrare pienamente in contatto con lei. Ma per fare questo dovrai smettere di negarla, pretendendo di sapere cosa è meglio per lei.

PUPILLO. In sostanza, cosa dovrei fare per aiutare la mia compagna? O meglio, cosa significa offrire il proprio aiuto a una persona?

MENTORE. Significa innanzitutto autoaiutarsi, sbarazzandosi delle proprie false teorie a proposito dell'altro. Solo così un vero contatto risulterà possibile. Per contatto intendo l'incontro tra i due centri della ruota, tra i due danzatori. L'essere che incontra l'essere. Quando questo avviene, scopriamo che non c'è più chi aiuta e chi è aiutato, ma unicamente due coscienze che fanno conoscenza, scambiandosi impressioni sulle rispettive creazioni.

PUPILLO. Hm... quello che dici è molto bello, ma mi sembra un po' astratto. Non sono sicuro che hai davvero risposto alla mia domanda. Che cosa dovrei fare, concretamente, per aiutare la mia compagna?

MENTORE. Comincia con lo sbarazzarti del falso pensiero che la tua compagna abbia bisogno del tuo aiuto per evolversi.

PUPILLO. Come fai a sapere che si tratta di un falso pensiero?

MENTORE. Vai dalla tua compagna e prova dirgli: "Tesoro, essendo io una coscienza più evoluta di te, dunque migliore, è mia intenzione aiutarti a raggiungere le mie stesse vette evolutive. In questo modo sarai ancor più degna di ricevere il mio amore e la mia considerazione".

PUPILLO. Stai scherzando? Come minimo mi tirerebbe un pugno sul naso!

MENTORE. Vuoi dire che la tua teoria rischia di procurarti un po' di dolore al nasino? Che tra l'altro è il simbolo del tuo ego!

PUPILLO. Se mi esprimo in questo modo è ovvio che lei poi si arrabbia.

MENTORE. In che altro modo vorresti esprimerti? È esattamente il pensiero che motiva il tuo desiderio di aiutarla.

PUPILLO. Hm... forse hai ragione. E dal momento che ricevo un bel pugno sul naso dalla realtà, posso supporre che da qualche parte si celi un errore.

MENTORE. Già, poiché il dolore è sempre il sintomo di una falsa teoria in azione.

PUPILLO. Che cosa mi suggerisci di fare?

MENTORE. Potresti provare a rovesciare la tua visione e usare il meccanismo della realtà specchio. L'errore che hai scorto non è nella realtà che lo puoi correggere, ma nella tua falsa teoria della realtà. Anziché aiutare la tua partner ad evolversi, potresti...

PUPILLO. Aiutare me stesso ad evolvermi?

MENTORE. A quanto pare ne hai più bisogno tu!

PUPILLO. Spiegati meglio.

MENTORE. Non sei tu quello che pensa che una formica dovrebbe essere un gatto? Non mi sembra un pensiero molto evoluto. Se lo desideri puoi trasformare le tue arretrate teorie evolutive in teorie più avanzate. Questo puoi sicuramente farlo, mentre non è certo in tuo potere trasformare una formica in un gatto.

PUPILLO. Comincio a credere che è molto meglio così! D'accordo, il primo passo, come sempre, è quello di correggere le mie false teorie. Come posso procedere?

MENTORE. Vediamo: inizialmente coltivavi una teoria secondo la quale la tua compagna avrebbe dovuto essere più comprensiva nei tuoi confronti.

PUPILLO. Teoria che tu hai paragonato a un sistema visivo a base di lenti rosse, attraverso il quale non vedevo altro che la mia stessa incomprensione.

MENTORE. Poi però ti sei accorto dell'errore insito nella teoria, e così l'hai abbandonata, la teoria ovviamente, non la compagna.

PUPILLO. Sì, grazie alla nostra discussione mi sono reso conto che ero io a mancare di comprensione nei confronti della mia compagna, oltre che di me stesso.

MENTORE. Dopodiché, correggimi se sbaglio, ti sei chiesto come ti sarebbe apparsa la tua compagna senza il filtro delle tue lenti rosse.

PUPILLO. Sì, e ho concluso che le possibilità erano due: l'avrei vista per la prima volta in technicolor, oppure avrei continuato a vederla tutta rossa.

MENTORE. Nella seconda eventualità ti sei detto che avresti dovuto "aiutarla" a raggiungere il tuo stesso traguardo evolutivo, passando da una visione monocromatica a una policromatica.

PUPILLO. Poi però mi sono reso conto che questo pensiero era a sua volta espressione di una falsa teoria, che negava l'essenza della mia compagna, producendo ulteriore incomprensione.

MENTORE. In altre parole, ti sei reso conto che le lenti rosse di cui pensavi esserti sbarazzato erano ancora lì, davanti ai tuoi occhi!

PUPILLO. Per lo meno ho imparato che volere aiutare qualcuno a diventare migliore non è un pensiero molto avanzato.

MENTORE. Si tratta di un pensiero incompatibile con la realtà, poiché nella realtà non c'è il "migliore" e il "peggiore", nel senso di qualcosa di peggiore che *deve* diventare qualcosa di migliore. Ogni cosa è esattamente ciò che deve essere nel momento in cui lo è. Inoltre, non possiamo imporre un determinato cambiamento a un'altra coscienza. E comunque, una volta liberi dalle nostre false rappresentazioni, scopriamo che non è mai nostro desiderio farlo.

PUPILLO. Il mio cambiamento invece sarebbe di mia competenza, giusto?

MENTORE. Giusto.

PUPILLO. Posso desiderare di cambiare me stesso ogni volta che scopro di non amare ciò che sono, o ciò che sono diventato, giusto?

MENTORE. Puoi farlo, ma c'è un errore logico nella tua affermazione. Il desiderio di cambiare è qualcosa che non ha nulla a che fare con la tua scelta di amarti o non amarti. Puoi amare ciò che sei e ciò nondimeno desiderare di cambiarti.

PUPILLO. Non capisco.

MENTORE. In ogni istante della tua esistenza non puoi essere null'altro al di fuori di ciò che sei, nel momento in cui lo sei. Puoi accettare questo fatto o tentare di negarlo, con le conseguenze che orami conosci. D'altra parte, ciò che sei puoi amarlo o non amarlo, e su questo hai piena libertà di scelta. Tale scelta, essendo libera, non dipende da ciò che sei, ma unicamente da ciò che *scegli di scegliere*, se così si può dire. Se scegli di amarti la tua vita diventa un paradiso. Se scegli di non amarti la tua vita si trasforma in un inferno. Semplice no?

PUPILLO. Forse, però io sono sia *essere* che *divenire*. Quindi, se non amo ciò che sono posso amare ciò che diventerò, e usare il mio non-amore come stimolo per cambiare, per diventare una versione migliore di me stesso, che potrò così amare più pienamente.

MENTORE. A quanto pare fai fatica a sbarazzarti di quelle spesse lenti rosse. Il tuo è un pensiero comune che in molti adottano per motivare il proprio cambiamento. Ma ripeto: amare o non amare ciò che sei è solo una questione di scelta. Puoi amare ciò che sei e continuare ad amare ciò che diventerai. In questo modo il tuo cambiamento potrà avvenire in modo piacevole e armonico. Se parti invece dal non-amore, difficilmente apprezzerai ciò che diventerai, poiché non troverai mai ragioni sufficienti per amare incondizionatamente qualcosa. La tua evoluzione si compierà allora in modo lento, faticoso e disarmonico. D'altra parte, come giustamente dici, noi coscienze risultiamo dall'incontro tra l'essere e il divenire, tra ciò che non cambia e ciò che muta incessantemente, il nostro corpomente, la nostra costruzione oloteorica. In altre parole, siamo l'essere che senza sosta evolve il proprio *modo di essere* attraverso l'evoluzione della propria oloteoria. Che tu pensi a te stesso più come a una fotografia, a ciò che sei in un dato istante del tuo presente, o come a un film, a ciò che incessantemente divieni in quanto coscienza in evoluzione, il punto della questione è sempre lo stesso: scegli di amare o di non amare la tua storia, il tuo copione, indipendentemente dal suo contenuto?

PUPILLO. Ma per quale ragione la mia scelta di amarmi o non amarmi non dipenderebbe dal contenuto della mia storia?

MENTORE. Perché se così fosse non sarebbe tale. Non sarebbe una vera scelta, libera, ma il frutto di un condizionamento.

PUPILLO. Eppure, quando scegliamo non lo facciamo sempre sulla base di una teoria che ci dice come dovremmo scegliere? Voglio dire, per scegliere non necessitiamo di un insieme di criteri per stabilire quando e perché cambiare la nostra visione del mondo e agire di conseguenza?

MENTORE. Sono d'accordo, e il punto è proprio questo: sei libero di scegliere questi criteri come meglio credi. Ti sto suggerendo esattamente questo: la possibilità di adottare dei nuovi criteri secondo i quali le tue scelte non necessitano di dipendere dal contenuto della tua storia, ma unicamente dagli effetti che producono nella tua vita. Nella fattispecie, ti sto suggerendo la possibilità di amarti incondizionatamente, malgrado ciò che fino a oggi hai creduto di te.

PUPILLO. Come faccio a sapere che quello che mi dici è sensato, che la cosa è realmente attuabile?

MENTORE. C'è chi ha già attuato questa possibilità. Questo ti può dare speranza. Se è possibile per altri, perché mai non dovrebbe esserlo anche per te?

PUPILLO. La famosa questione della riproducibilità evolutiva?

MENTORE. Esattamente. Ma se lo desideri, puoi anche usare il potere del tuo intelletto per *simulare* una realtà nuova, rinnovata, nella quale hai operato un'altra scelta, quella di amarti anziché disprezzarti, e osservare cosa cambia. Vuoi provare?

PUPILLO. Cosa dovrei fare?

MENTORE. Immagina te stesso, nel tuo qui-e-ora, nella tua vita di sempre.

PUPILLO. ... mi vedo.

MENTORE. Bene. Immagina ora che all'improvviso, per una ragione non meglio precisata, tu decida di amarti incondizionatamente. Da questo momento in poi sei perfettamente OK e sai di esserlo. Lo sai intimamente, qualunque cosa tu pensi, provi o fai. Riesci a immaginarlo?

PUPILLO. (*Sorriso*).

MENTORE. Come ci si sente ad amarsi incondizionatamente?

PUPILLO. Aperti... liberi... luminosi.

MENTORE. Che altro?

PUPILLO. È come se l'aria fosse più limpida, i colori più vividi. Sento una grande pace, una calma interiore che nulla può perturbare. Vedo la bellezza in tutto ciò che mi ci circonda.

MENTORE. Vai avanti.

PUPILLO. I profumi... tutto profuma. Anche i cattivi odori profumano. I suoni... ogni suono è armonico, anche i rumori. Ogni cosa è perfetta così com'è... parte di una geometria più complessa che comincio appena a intravedere.

MENTORE. Dove ti trovi?

PUPILLO. Sono sempre qui, ma sono anche... in paradiso.

MENTORE. Ti ricordo che la tua è solo una simulazione. Che cosa cambia nella tua vita, ora che ti ami incondizionatamente?

PUPILLO. Non cambia nulla, e allo stesso tempo cambia tutto. Ogni momento, ogni incontro... è una danza, un gioco... è tutto leggero e allo stesso tempo intenso.

MENTORE. Parlami degli altri. Che cosa cambia nel tuo modo di relazionarti con gli altri?

PUPILLO. Li vedo... forse per la prima volta li vedo. Vedo i loro occhi... posso guardare nei loro occhi. Non c'è paura per quello che provo, per quello che desidero esprimere. È tutto così semplice. Ora che mi amo sono anche libero di amare chiunque, incondizionatamente... Wow!

MENTORE. Ora torna nella realtà, quella vera, quella in cui non ti ami incondizionatamente.

PUPILLO. Preferirei continuare ancora un po'... provare a portare questa simulazione nella realtà.

MENTORE. La tua simulazione è gia nella realtà, ma lo è in quanto simulazione. Una simulazione della realtà non è la realtà, ma solo un frammento di realtà. Confondere le due cose sarebbe un grave errore, che produrrebbe solo ulteriore sofferenza. Sai dirmi a cosa servono le simulazioni?

PUPILLO. Come hai detto tu, servono a fare delle previsioni.

MENTORE. E la tua simulazione, credi sia affidabile?

PUPILLO. Sì, ritengo che lo sia.

MENTORE. Per infondere la tua simulazione nella realtà, che cosa dovresti cambiare?

PUPILLO. Il mio modo di relazionarmi con me stesso.

MENTORE. Ossia?

PUPILLO. Dovrei scegliere di amarmi incondizionatamente.

MENTORE. E quali ragioni avresti per operare una tale scelta, malgrado il triste contenuto della tua storia?

PUPILLO. Se scelgo di amarmi mi trovo in paradiso, altrimenti permango in inferno[16].

MENTORE. Esatto, e questo è tutto. Abbastanza semplice non trovi?

PUPILLO. Lo è, ma è proprio per questo che è così difficile da credere: ha l'aria troppo semplice per essere vero!

MENTORE. Hai ragione, troppo semplice, e forse anche troppo minaccioso!

PUPILLO. Minaccioso per chi?

MENTORE. Per la nostra identità. Accettare come potenzialmente valida l'ipotesi che la nostra felicità, l'amore per noi stessi, sia unicamente una questione di scelta, di cui saremmo totalmente responsabili, significa sfidare l'intero sistema delle nostre credenze, sulle quali abbiamo fondato la percezione della nostra identità illusoria. Un'identità che si nutre della nostra e dell'altrui sofferenza. Se scegliamo di amarci incondizionatamente il nostro "io" illusorio implode e la sensazione è quella di entrare in un *buco nero cognitivo*.

---

[16] Contrariamente a certe idee preconcette, l'inferno non sarebbe quindi un luogo senza ritorno: dall'inferno è possibile evadere in ogni momento, per mezzo di una scelta d'amore.

Inizialmente può fare paura, perché perdiamo i nostri usuali punti di riferimento, e abbiamo l'impressione di non più sapere chi siamo. Infatti, non siamo granché abituati a percepirci come esseri totalmente meritevoli di amore. Ma come hai potuto appurare con la tua simulazione, non c'è nulla da temere in questo.

PUPILLO. Non c'è nulla da temere, ma a quanto pare lo temiamo, altrimenti perché staremmo ancora scegliendo il non amore anziché l'amore?

MENTORE. Forse perché crediamo fermamente nella teoria che afferma che siamo colpevoli, dunque immeritevoli di amare ed essere amati incondizionatamente, e che solo tramite la sofferenza potremo espiare i nostri peccati. Si tratta di pura follia, ovviamente.

PUPILLO. Sbaglio o stai parlando del *peccato originale*, della cacciata di Adamo ed Eva dal paradiso terrestre, così come raccontato nella Bibbia?

MENTORE. Sì, ma non è stato Dio, chiunque egli fosse, a cacciarci dal paradiso terrestre. Siamo stati noi a farlo, nel momento stesso in cui abbiamo creduto alla falsa teoria della nostra imperfezione, che ci ha reso immeritevoli del nostro amore.

PUPILLO. Ci saremmo autocacciati dal paradiso?

MENTORE. Presumibilmente lo abbiamo fatto per spirito di avventura, per andare a caccia di noi stessi, per acquisire l'autoconoscenza e l'autoconsapevolezza. Ci siamo autonegati per amore, per ricreare noi stessi in una versione ancora più grande.

PUPILLO. Dici che avremmo negato la nostra perfezione, ma non è forse vero che siamo esseri imperfetti?

MENTORE. Sono curioso: che cosa ci mancherebbe per diventarlo?

PUPILLO. Tantissime cose! Ad esempio, il rispetto di noi stessi, del nostro prossimo, del nostro ambiente, il senso di responsabilità, la maturità, e via discorrendo.

MENTORE. In altre parole, ogni cosa sarebbe imperfetta perché ancora non è ciò che un giorno potrebbe diventare! Ma dal momento che nulla può già essere ciò che in futuro sarà[17], non potremmo altresì affermare che tutto è perfetto nella sua apparente imperfezione, essendo esattamente ciò che deve essere nel momento in cui lo è?

PUPILLO. Capisco, in fin dei conti negare che la perfezione sia onnipresente nella nostra realtà equivale a negare la realtà stessa!

MENTORE. Esattamente. In ultima analisi non ci sono ragioni per impedirci di amare e amarci incondizionatamente, salvo la scelta di non farlo.

PUPILLO. Perché allora non lo facciamo?

MENTORE. Come ti ho detto, crediamo nella falsa teoria della nostra imperfezione, che ci rende immeritevoli del nostro amore. Ma è la teoria stessa a renderci imperfetti!

PUPILLO. Le solite lenti rosse?

MENTORE. Proprio così. Quando crediamo nella teoria, ci trasformiamo in esseri imperfetti, e tutt'al più possiamo ambire a un po' di amore condizionato. Qualcosa del tipo: "Ti amerò se farai di tutto per migliorarti, secondo le mie personalissime disposizioni sulla questione!". Ma l'amore condizionato è un falso amore, che si fonda sulla negazione dell'altro, e immancabilmente produce sofferenza.

PUPILLO. Perché allora continuiamo a sceglierlo?

MENTORE. Perché abbiamo fondato la nostra identità sulla sofferenza, senza la quale non sappiamo più chi siamo. In altre parole, ci sentiamo minacciati dall'amore incondizionato e preferiamo continuare a essere "qualcuno" nella miseria piuttosto che "nessuno" nella gioia.

---

[17] A parte forse il nulla!

PUPILLO. Insomma, secondo te tutto si ridurrebbe a una semplice scelta d'amore?

MENTORE. È così, ma inizialmente dovrai rinnovarla ogni giorno, ogni ora, ogni minuto, ogni secondo, fino a quando non tornerai a ballare in piena armonia con la grande danza. Diverrai allora una fonte di ispirazione, un epicentro irradiante in grado di testimoniare ciò che è possibile realizzare. Questo è l'aiuto più grande che potrai mai offrire alle altre coscienze in evoluzione: insegnare loro tramite il tuo esempio vivente che la strada della liberazione dalle nostre false teorie è possibile, e che *la sofferenza non è una condizione strettamente necessaria all'evoluzione*. L'insegnante, quello vero, è colui che imprime dei segni nella realtà, che lui stesso vivifica, affinché chiunque possa vederli brillare e tornare a casa, se così gli canta il cuore.

PUPILLO. Proprio come stai facendo tu con me, in questa nostra conversazione?

MENTORE. A cosa ti riferisci?

PUPILLO. Al fatto che stai insegnando. Come dici tu, stai facendo l'insegna luminosa, il cartello segnaletico. Mi stai indicando alcune cose, alcuni elementi di realtà, alcune possibilità, nel rispetto della mia libertà di scelta.

MENTORE. Sì, ti sto "contagiando" con la mia visione. D'altra parte, tu stai facendo altrettanto con me. I nostri ruoli sono perfettamente interscambiabili. Attraverso il mio insegnare posso a mia volta approfondire ciò che insegno, mettere in luce le mie contraddizioni residue, rivedere, ampliare e approfondire le mie vedute, arricchendomi del tuo punto di vista. In altre parole, l'insegnante è a sua volta un allievo e l'allievo un insegnante.

PUPILLO. Ci sarà comunque una differenza tra i due ruoli.

MENTORE. La differenza è solo apparente, esteriore. Il ruolo dell'insegnante è solo un po' più attivo, più propositivo, mentre quello dell'allievo è più passivo, più ricettivo, se così si può dire. L'insegnante è come un cuoco che prepara il suo piatto migliore, e lo offre all'allievo, il quale poi lo assaggia, lo degusta, esprimendo il suo apprezzamento o la sua insoddisfazione. Da questo incontro, o cocreazione, nascono le future prelibatezze che entrambi potranno preparare e degustare.

PUPILLO. Una stuzzicante metafora! Ma tornando al menu assai variegato che mi hai gentilmente offerto, vorrei esprimerti una perplessità.

MENTORE. Ti ascolto.

PUPILLO. Abbiamo parlato di falsa identificazione, di negazione, di autocorruzione, di false teorie che assumono ogni sorta di sembianze, come quella dei falsi doveri. Abbiamo discusso di come tutto ciò generi sofferenza nella nostra vita, di come possiamo usare i sintomi preziosi del dolore e della sofferenza per promuovere un'indagine critica e autocritica della nostra realtà, volta all'evoluzione della nostra oloteoria, cioè dell'insieme delle nostre credenze-spiegazioni sulla realtà. Sulla base di numerose argomentazioni, esempi e metafore, abbiamo evidenziato come, quasi senza accorgercene, neghiamo continuamente l'evidenza di ciò che è, creando il nostro senso di impotenza e la nostra miseria esistenziale. Abbiamo discusso di quello che sembra essere l'unico metodo da seguire, se desideriamo migliorare il nostro rapporto con la realtà e rendere inutile il meccanismo evolutivo della sofferenza. Un metodo di natura critica, scientifica, che si fonda sul meccanismo della realtà specchio. Poiché quando guardiamo fuori vediamo primariamente dentro, quando osserviamo la realtà stiamo primariamente osservando le nostre teorie della realtà. È sufficiente allora rovesciare la nostra visione per riuscire a identificare l'errore, la falsa credenza, e lasciarla andare, o semplicemente correggerla, aprendoci alle gioie del paradiso, che non è chissà dove, ma nel nostro qui-e-ora, se solo ci arrendiamo al ritmo della vita, alla bellezza, all'amore e alla pace che permeano ogni cosa. Dacché tutto si ridurrebbe a questo, a una semplice scelta, la scelta di abbandonare la falsità e tornare a casa, nella realtà. Una realtà dove ogni coscienza partecipatrice ha un posto speciale, in qualità di entità puramente creatrice… completa… perfetta.

MENTORE. Davvero un fantastico riassunto!

PUPILLO. Grazie, ma come ti dicevo rimango perplesso.

MENTORE. A che proposito?

PUPILLO. So che ne abbiamo già parlato, ma continuo a credere che sia tutto troppo semplice per essere vero.

MENTORE. Non pretendo che tutto ciò di cui abbiamo discusso sia necessariamente vero. Se lo pensassi negherei il succo della nostra conversazione. Ritengo però che abbiamo posto le basi di una metateoria d'avanguardia, non ancora falsificata, che ha tutte le carte in regola per essere provvisoriamente adottata e sperimentata.

PUPILLO. D'accordo, ma… pensare che sia possibile liberarci della sofferenza correggendo semplicemente una dopo l'altra le nostre false teorie, scegliendo di amarci incondizionatamente… è un programma entusiasmante, certo, ma… non è un po' troppo ingenuo? Considera la *malattia*, che quando meno te l'aspetti ti piomba addosso e ti colpisce. Prova ad andare da un malato terminale di cancro e dirgli che non ha che da rovesciare la sua visione e amarsi incondizionatamente. Cosa pensi che ti risponderebbe? Non l'ha certo scelto lui il suo percorso di sofferenza. Non ha scelto lui di vedere il proprio corpo fisico degenerare e degradarsi inesorabilmente, fino a giungere a morte prematura. Il suo desiderio non era certo quello di creare una simile esperienza.

MENTORE. Come fai ad esserne così sicuro? Come puoi sapere che non era esattamente ciò desiderava?

PUPILLO. Non hai che da chiederglielo, cosa pensi che ti risponderebbe?

MENTORE. Potrebbe sbagliarsi.

PUPILLO. Vuoi dire che potrebbe non sapere cosa vuole veramente?

MENTORE. Potrebbe non sapere, o non più sapere, che ha

desiderato qualcosa, e che avendola desiderata l'ha creata. Potrebbe non essere pienamente consapevole di tutte le conseguenze di quello che ha desiderato, e la sua malattia potrebbe servire proprio a questo: a rendere manifesta la sua creazione e accrescere la sua consapevolezza.

PUPILLO. Ma come possiamo scegliere di soffrire?

MENTORE. Nessuno sceglie di soffrire gratuitamente, senza un tornaconto. La sofferenza è il prezzo che accettiamo di pagare per mantenere vive le nostre illusioni, le nostre false identificazioni, le nostre false teorie, le nostre negazioni. Ad ogni modo, hai sollevato un interrogativo che sarebbe utile approfondire: *che cos'è la malattia?* Intendo dire: che cos'è *veramente* la malattia?

PUPILLO. Sì, e più precisamente come possiamo comprendere la malattia alla luce di tutto quanto ci siamo detti? Dopotutto, non è forse la malattia l'emblema stesso di una sofferenza che ci colpisce apparentemente senza ragioni?

MENTORE. Fai bene ad essere prudente e dire "apparentemente". Allora è deciso, la nostra prossima conversazione riguarderà il tema più specifico della malattia.

PUPILLO. Vuoi dire che ci fermiamo qui, proprio sul più bello?

MENTORE. Ammiro il tuo entusiasmo, ma è necessario lasciar passare un po' di tempo affinché il contenuto del nostro dialogo possa decantare e integrarsi alla struttura del nostro corpomente.

PUPILLO. Nel frattempo, non avresti qualche lettura da consigliarmi, per approfondire i diversi argomenti di cui abbiamo trattato?

SINTESI DEL CAPITOLO

Il vero aiuto al prossimo è uno slancio spontaneo e incondizionato che non mira all'ottenimento di uno specifico interesse.

Nessuna coscienza è in grado di occupare lo stato coscienziale di un'altra coscienza e operare delle scelte in sua vece.

Siamo creatori onnipotenti di realtà interiori, al 100% responsabili per ognuna delle nostre scelte.

Siamo liberi di amare o non amare ciò che siamo. Se scegliamo di amarci la nostra vita è un paradiso. Se scegliamo di non amarci la nostra vita è un inferno.

Dall'inferno è possibile evadere in ogni momento, tramite una scelta d'amore.

La sofferenza non è una condizione strettamente necessaria all'evoluzione.

Ciò che ci rende imperfetti e immeritevoli di amore incondizionato è il nostro stesso credere nella falsa teoria della nostra imperfezione.

Ogni cosa è perfetta nella sua apparente imperfezione, essendo esattamente ciò che deve essere nel momento in cui lo è.

Un insegnante è colui che imprime dei segni nella realtà, che egli stesso vivifica affinché chiunque possa vederli brillare e ritrovare, se così gli canta il cuore, la via di casa.

13. LETTURE

Tutta la conoscenza prescientifica, sia essa animale o umana, è dogmatica; e con la scoperta del metodo non dogmatico, cioè del metodo critico, comincia la scienza (Karl Popper).

MENTORE. Che cosa ti piacerebbe leggere?

PUPILLO. Vorrei approfondire il tema della scienza in generale. Cosa mi consigli a riguardo?

MENTORE. Su un soggetto di tale portata non hai che l'imbarazzo della scelta. Se sei coraggioso, puoi provare a leggere i trattati di *Karl Popper*, come ad esempio i monumentali *Congetture e refutazioni* (Il Mulino) e *Logica della scoperta scientifica* (Einaudi). Ma forse è meglio cominciare con qualcosa di un po' più recente e un po' meno voluminoso, come ad esempio il bel libro di *Roger Newton*, *La verità della scienza* (McGraw-Hil), o i primi capitoli di *La trama della realtà* (Einaudi), di *David Deutsch*[18], che hanno grandemente ispirato la nostra discussione del metodo scientifico. Ti segnalo inoltre *La rete della vita* (Rizzoli), di *Fritjof Capra*, nel quale troverai ampi approfondimenti sulla visione della vita biologica intesa come processo di natura cognitiva.

PUPILLO. Hanno l'aria di essere libri molto interessanti... e decisamente impegnativi!

---

[18] Nel libro di *Deutsch* troverete anche un approfondimento del ragionamento sull'inesistenza del tempo.

MENTORE. Un po' lo sono, è vero. Se cerchi qualcosa di meno accademico, ma non per questo meno utile e interessante, allora devi assolutamente leggere (anzi, puoi assolutamente leggere!) i libri di *Byron Katie*. Ad esempio: *Amare ciò che è* e *Ho bisogno del tuo amore – È vero?* (Il punto d'Incontro). In questi scritti troverai numerosi collegamenti con la nostra discussione sul processo di negazione della realtà e sul meccanismo della realtà specchio. Byron Katie non è certo uno scienziato nel senso classico del termine, ma attraverso un percorso personale è riuscita a identificare quelli che sono gli elementi chiave per promuovere un'indagine critica e autocritica del nostro modo di rapportarci con la realtà. Lei definisce questo suo metodo "il lavoro" (*The Work*).

PUPILLO. E in che cosa consisterebbe più esattamente questo suo "lavoro"?

MENTORE. È molto semplice: ogni volta che qualcosa nella realtà ti disturba, creandoti stress, disagio o sofferenza, non hai che da mettere su carta il tuo pensiero (scrivere la tua teoria!) spiegando come *dovrebbero* secondo te andare le cose. Poi, attraverso un percorso fatto di quattro domande e un rovesciamento, ti viene suggerito di indagare il contenuto del tuo pensiero-giudizio sulla realtà, alfine di evidenziare gli effetti che produce nella tua vita.

PUPILLO. Quali sarebbero queste quattro domande?

MENTORE. Le prime due sono: *"Questo pensiero è vero?"* e *"Posso affermare con assoluta certezza che questo pensiero sia vero?"* In altre parole, le prime due domande ti confrontano con la fondatezza delle tue prove a sostegno delle tue presunte certezze.

PUPILLO. Però io so bene ormai, grazie alla nostra conversazione, che se un pensiero mi crea stress, disagio o sofferenza, allora è necessariamente un pensiero che nega la realtà, che quindi non può essere vero.

MENTORE. Sì, in termini generali tu questo ormai lo sai. Ma il tuo intelletto potrebbe non essere così ragionevole e arrendevole quando si tratta di mollare determinate false teorie sulle quali hai fondato la tua identità. Ecco perché è così importante confrontarsi *ogni volta* con le prime due domande del "lavoro", e rispondere non solo con l'intelletto, ma altresì con il cuore, cioè con il centro del tuo essere.

PUPILLO. Qual è invece la terza domanda?

MENTORE. *"Come reagisco quando credo a questo pensiero?"* Questa domanda è l'equivalente di un *gedankenexperimente*, ossia di un *esperimento di pensiero*. Ti chiede di fare uso delle tua immaginazione per simulare il contenuto della tua teoria, osservando attentamente quali effetti produce in te e nella tua vita. In sostanza, si tratta di rievocare le tue reazioni abituali nei confronti della realtà, degli altri e di te stesso, quando credi nel pensiero in questione e agisci di conseguenza.

PUPILLO. Mentre la quarta domanda, cosa chiede?

MENTORE. *"Che persona sarei e/o come sarebbe la mia vita se non credessi a questo pensiero?"*

PUPILLO. Sbaglio o mi hai già fatto questo tipo di domanda, quando mi hai suggerito di visualizzare la mia vita senza più credere di essere un'entità imperfetta, immeritevole di amare e di essere amata incondizionatamente?

MENTORE. Sì, questa quarta domanda ti propone di simulare il tuo rapporto con la realtà in assenza della falsa teoria-pensiero che prima ti condizionava, creandoti stress e sofferenza. Puoi così verificare in prima persona che la realtà non ha nulla a che fare con il tuo disagio. Quando adotti una falsa teoria che nega la realtà percepisci stress e sofferenza, quando invece te ne liberi, o la correggi, sperimenti armonia. Di conseguenza, la realtà non c'entra nulla e il potere è tutto nelle tue mani. Se scegli di rimanere attaccato alla tua falsa teoria soffri, se scegli invece di mollarla, o correggerla, ritrovi pace e serenità.

PUPILLO. Sbaglio o hai parlato anche di un *rovesciamento*?

MENTORE. Sì, il rovesciamento (o capovolgimento) consiste essenzialmente nel riformulare il tuo pensiero-giudizio nei tuoi confronti, anziché nei confronti della realtà[19]. In altre parole, si tratta di spostare il tuo sguardo dall'esterno verso l'interno, vale a dire dalla realtà così come immagini che debba essere (ma non è!) alle tue teorie della realtà, che necessitano invece di una correzione.

PUPILLO. Come quando ho realizzato che l'incomprensione che scorgevo nella mia compagna altro non era che la mia stessa incomprensione, insita nei pregiudizi che coltivavo su di lei?

MENTORE. Proprio così. Grazie al rovesciamento puoi renderti conto che l'errore non è nella realtà, o negli altri, ma nella nostra teoria della realtà. E che è unicamente nell'ambito della nostra teoria che possiamo apportare una correzione, una rettifica, un upgrade, e produrre un cambiamento. Nel libro di Byron Katie troverai numerosi esempi di persone che con queste sole quattro domande e un rovesciamento si aprono con coraggio al lavoro di autoricerca scientifica, abbandonando vecchie teorie ormai logore a favore di costruzioni mentali più avanzate e maggiormente compatibili con il loro vissuto.

PUPILLO. Davvero interessante, non mancherò di leggerlo.

MENTORE. Bene, e visto che siamo in tema di igiene mentale, permettimi di segnalarti due brevi manuali, che sono un vero concentrato di tecniche mentali all'insegna dell'efficacia e della semplicità. Si tratta di *Oltre i limiti* e *Mind power* (Adea), di *Vittorio Mascherpa*.

PUPILLO. Sarei anche interessato a leggere qualcosa sui fondamenti della realtà. Mi ha molto intrigato la tua accurata spiegazione della sostanza del reale.

MENTORE. Oltre al libro di David Deutsch, che ti ho già segnalato, ti consiglio i lavori di *Diederik Aerts*, da cui ho ampiamente attinto per la nostra discussione del concetto di esperienza e per la definizione operativa di realtà come insieme

---

[19] Per maggiori informazioni su questo e altri tipi di rovesciamenti proposti da Byron Katie, potete consultare il sito *www.thework.com*, dove troverete un riassunto del metodo anche in italiano.

di possibilità. Alcuni dei suoi scritti sono molto impegnativi, ma sei sicuramente in grado di leggere: *The stuff the world is made of: physics and reality*, apparso nel volume: *Einstein meets Magritte* (Kluwer Academic).[20]

PUPILLO. Per quanto riguarda invece la nostra essenza, ciò che saremmo nel nostro intimo, al di là del mondo delle forme, al di là della nostra personale oloteoria della realtà, che cosa mi consigli di leggere?

MENTORE. Un qualsiasi libro di elevato contenuto spirituale.

PUPILLO. Uno vale l'altro?

MENTORE. Ovviamente no, però molto dipende dai tuoi gusti personali. Sebbene esteriormente possano apparire molto diversi tra loro, gli insegnamenti spirituali parlano tutti essenzialmente della stessa cosa: di ciò che si trova oltre il velo delle apparenze: l'ineffabile centro zero-dimensionale (o infinito-dimensionale) della ruota.

PUPILLO. Dunque cosa mi consigli?

MENTORE. Ti consiglio di esplorare gli scaffali di una buona biblioteca, sfogliarne i volumi, e lasciarti guidare dal tuo intuito.

PUPILLO. Non mi segnali nessun autore?

MENTORE. Se proprio ci tieni ad avere un nominativo, puoi cominciare con gli scritti di *Eckhart Tolle: Il potere di adesso* e *Parole dalla quiete* (Armenia), oltre che *A new earth* (Plume). In uno stile moderno, chiaro ed essenziale, senza rifarsi a particolari tradizioni (oppure rifacendosi a tutte), Tolle fa confluire nei suoi insegnamenti un messaggio di natura teorico-pratica senza tempo, universale, adogmatico, che è poi lo stesso che è stato trasmesso da ogni vero maestro spirituale che ha solcato il suolo di questo pianeta sin dalla notte dei tempi.

PUPILLO. E sarebbe?

---

[20] L'articolo può essere scaricato gratuitamente dall'archivio della Cornell University (arxiv.org): quant-ph/0107044.

MENTORE. Che la trascesa del nostro stato di coscienza ordinario, erettosi su di un "io" illusorio e conflittuale, è un traguardo indispensabile per raggiungere la pace interiore e porre fine al triste circolo vizioso della sofferenza.

PUPILLO. Ti ringrazio, ora ho di che leggere in attesa del nostro prossimo incontro.

MENTORE. Ricorda comunque che anche i cosiddetti testi spirituali altro non sono che teorie della realtà. I pensieri più elevati e più elevanti necessitano sempre di essere ascoltati con mente e cuore aperti, oltre che con spirito critico e discernimento.

PUPILLO. Questo l'ho capito ormai: ogni volta che crediamo rigidamente in qualcosa ci chiudiamo in una capsula mentale che ci priva di un contatto pieno con la realtà.

MENTORE. Sì, una realtà di cui sei parte e che allo stesso tempo, paradossalmente, è parte di te, poiché sei in grado di racchiuderla interamente al tuo interno, nella sfera intima del tuo essere potenziale.

PUPILLO. Che intendi dire?

MENTORE. Che in un certo senso tu contieni la realtà, che contiene te, che contieni la realtà, che contiene te, e così via all'infinito. Un rapporto davvero misterioso, all'origine di tutti i nostri paradossi logici. Qualcosa che il nostro intelletto non è in grado di comprendere appieno. Qualcosa che è alla base del nostro enigmatico "senso del sé" e del nostro sentirci così intimi con la totalità infinita di *tutto-ciò-che-è*, sia in senso attuale che potenziale.

PUPILLO. Hm… vedrò di meditare su questo affascinante mistero.

MENTORE. A presto allora, buona meditazione e… buona autoricerca!

14. COMMENTO

La parola "martire" significa "testimone". Non testimone della fede, ma delle nostre false credenze, con le quali continuamente ci autoaggrediamo, sia psicologicamente che fisicamente.

Caro Massimiliano,

Ho finalmente avuto un momento di calma per leggere con attenzione il tuo dialogo: molto interessante e scritto con la massima chiarezza e la giusta parsimonia di parole. La dissertazione sulla relazione potere-dovere, anche se riprende un tema già esplorato dalla psicanalisi tradizionale, in relazione al senso di colpa, è sufficientemente innovativa nell'approccio "scientifico". Bello il pezzo sulla cacciata dal paradiso terrestre: varrebbe la pena indagare oltre sul tema della colpa originaria, che è un astuto escamotage per sfuggire alla responsabilità di vivere appieno la propria vita. Forse un po' di buddismo non farebbe male: l'uomo è Dio, se solo lo volesse... ma questa grande verità la si ritrova anche in scrittori di tradizione giudaico-cristiana: per esempio Isaac Singer ne "Il Penitente" e ne "Il Mago di Lublino". Tuttavia, due considerazioni critico-costruttive:

1. Nel capitolo "Negazione", se sostituisci il "rigo sull'autovettura" con "l'assassinio di tuo figlio o di tua madre", la tesi comincia a traballare: la domanda "Allora, perché soffri?" diventa, direi, insostenibile. Se è vero che la realtà non può aggredirci perché questa affermazione è semplicemente

"assurda", in quanto la realtà "è" e basta, è altrettanto vero che la realtà può essere anche molto poco ospitale per l'essere umano: se nasco in una favelas brasiliana non avrò la stessa vita di colui che nasce a Lugano, e questo è un fatto incontrovertibile. Poi posso prenderne atto o rifiutarmi di farlo, nascondendomi dietro "false teorie", ma nella prima ipotesi ce l'ho in quel posto, e così sia... In parole povere: il fatto che le nostre false teorie sulla realtà siano fonte di sofferenza è soltanto una parte del problema, perché, indipendentemente dall'oloteoria che ciascuno di noi possa sviluppare, la realtà, se oggettivamente inospitale, è fonte di sofferenza per l'essere umano (per fare un altro esempio: pensa un po' se nascessimo in un'atmosfera piena di cianuro, invece che di ossigeno – e con i tempi che corrono l'esempio non è poi tanto teorico – possiamo certo prenderne atto ma questo non ci aiuterà a respirare meglio...)

2. Dalla precedente considerazione mi sembra discenda anche una seconda considerazione: non è vero che se diventiamo tutti saggi e cominciamo ad amarci per quello che siamo saremo necessariamente esenti da sofferenza: rimane la sofferenza fisica causata da cause esterne, e di conseguenza anche quella morale di non poter vivere la vita che avremmo potuto vivere in assenza di essa.

Il tuo amico di sempre, E.

––––––––––––––

Caro E.,

È un piacere avere tue notizie e leggerti. Sulle tue interessanti considerazioni posso dirti questo. È indubbio che quando passiamo da un evento banale come un graffio alla carrozzeria (evento A) a un evento come quello della perdita di un figlio, o di un genitore (evento B), l'argomentazione del mentore possa apparirci tutt'a un tratto insostenibile. Ma, è davvero così? Il meccanismo che promuove la sofferenza (in questo caso unicamente di stampo psicologico) è sempre lo stesso, oppure c'è una differenza sostanziale che rende il ragionamento del mentore caduco nel caso B? Di una cosa possiamo essere certi: nel caso B sperimentiamo abitualmente una sofferenza enormemente più intensa che nel caso A, e per un tempo solitamente molto più lungo (a volte per l'intera vita biologica, e oltre). E di fronte a questa accresciuta intensità, viene spontaneo chiederci se il meccanismo che con B ci porta a soffrire non sia anche qualitativamente, e non solo quantitativamente, differente da quello di A. La domanda è pertinente dacché, come è noto, non sempre due volte di più di una cosa (in questo caso di sofferenza) è due volte di più della stessa cosa, come amava ricordarci il grande Paul Watzlawick. Per farti un esempio: se un paio di bicchieri d'acqua sono un prezioso nutrimento in grado di dissetarti, svariati litri ingurgitati in breve tempo possono generare uno squilibrio elettrolitico che potrebbe addirittura ucciderti! Direi però che bisogna fare la differenza tra cause ed effetti. Gli effetti di una sofferenza molto intensa sono indubbiamente differenti rispetto a quelli di una sofferenza leggera. Per esempio, la perdita inaspettata di un figlio potrebbe addirittura promuovere sul piano fisico l'insorgere di un tumore, mentre lo sfregio della carrozzeria potrà alla peggio provocare un eritema (o una verruca!). L'argomentazione del mentore, se ha pretesa di universalità, è perché riguarda le cause e non gli effetti della sofferenza. E a rigore di logica, se anche nel caso B posso neutralizzare, come in A, la causa della sofferenza, allora deve essere possibile "perdere" un figlio, o un genitore, senza per questo soffrirne (le virgolette sono essenziali!). Ovviamente, al nostro attuale livello evolutivo, questa possibilità può apparirci come pura fantascienza, e per certi versi sicuramente lo è, nel senso però, spero, della buona fantascienza, cioè di quella che in futuro si avvererà e diverrà vera scienza. Perché al momento è ancora fantascienza? Semplicemente, credo, a causa delle nostre irremovibili credenze sulla questione del morire e della presunta perdita, rafforzate dalle terrificanti memorie che ancora abbiamo a riguardo. Un tale bagaglio non aiuta certo a disfarci dei nostri falsi pregiudizi sulla questione, anche perché, gran parte di quel bagaglio è scritto in un linguaggio infantile, prevalentemente emotivo. E fintanto che quelle parti (sottoteorie) non crescono, acquisendo una visione più matura e realistica della vita, maggiormente in contatto con la realtà, difficilmente riusciremo a liberarci della grande sofferenza insita negli eventi di tipo B. I guerrieri invincibili, dicono, sono quelli che celebrano la loro morte prima ancora di andare in battaglia, così da essere liberi da ogni paura. Hanno già consumato il loro lutto (il lutto delle loro false teorie della realtà) e, così facendo, diventano combattenti inarrestabili (sono già morti e non possono più morire). In una metafora un po' meno marziale, possiamo dire che il saggio, quello vero, non si identifica più nel contenuto dei suoi pensieri sul mondo, non ne riconosce più la paternità, e in tal senso questi pensieri non lo possono più scalfire. Ma non a causa di un freddo distacco, o di una mera anestesia. Piuttosto, perché ha raggiunto una profonda e reale autonomia rispetto ad essi. Il saggio non sa se la "perdita" del figlio, o del genitore, è una cosa buona o una cosa cattiva. Anzi, non si pone nemmeno il problema di dover catalogare l'evento in una di queste categorie. Semplicemente, prende atto di ciò che è, e, semmai, se sceglie di interrogarsi, lo fa in modo costruttivo, e non distruttivo. Lo fa per capire l'evoluzione, non per farsi psicologicamente del male. Quante persone, di fronte alla dipartita di un essere che amano, hanno la spregiudicatezza di porsi domande del tipo: "Se è vero che vivo in un paradiso (o, se preferisci, in un paradiso potenziale, che si attualizza nella misura in cui con la mia mente la smetto di creare l'inferno), cosa ci potrà essere di buono nella morte di mio figlio, o di mio padre/madre, sia per me che per loro? Se è vero che l'universo ci sostiene, senza distinzioni, nel nostro movimento evolutivo, fatto di continue scoperte e cocreazioni, quali potrebbero essere le ragioni per cui B è preferibile a non-B?" Nella misura in cui cerchiamo di rispondere (ma per davvero!) a queste domande, possiamo ricostruire una visione del mondo (della vita e della presunta morte) che non promuova conflitti interiori ed esteriori gratuiti, ma unicamente armonie. Naturalmente, per arrivare a questo ambito traguardo ci resta della strada da percorrere, perché le memorie sono tante e profonde, ed esercitano su di noi un enorme potere ipnotico. Dobbiamo (anzi, possiamo!) però imparare a far crescere le nostre autoimmagini infantili, impregnate di visioni distorte della vita (distorte nel senso di palesemente false). In altre parole, imparare prima ad essere, e solo in seguito a pensare, evitando l'ingerenza di quelle sovrastrutture così pregnanti che abbiamo ereditato, e scambiato per ciò che siamo (un'identità fondata sulla sofferenza, anziché sulla gioia).

Per quanto attiene invece al fatto che ci sono posti poco ospitali per l'essere umano, la domanda da porsi in questo caso è la seguente: che cosa ci sono andato a fare in un siffatto luogo? Quale malsana visione del mondo mi ha portato ad autoinfliggermi una tale sofferenza? (Sto ovviamente semplificando, qui si apre tutto il tema della sofferenza consapevolmente autoinflitta, come quando soffro nello sforzo di spezzare le catene che mi imprigionano; ma in questo caso il movimento è corretto, poiché il risultato finale è la liberazione). E chi nasce direttamente in un posto inospitale, senza avere chiesto nulla a nessuno? O chi addirittura nasce con una genetica difettosa? In questo caso l'ambiente (presunto) inospitale sarebbe addirittura lo stesso veicolo biologico! Be', ovviamente in questi casi è necessario chiederci: è proprio vero che la coscienza viene posta in essere al momento della nascita biologica? E se non ho certezze a riguardo, perché ciò nondimeno scelgo di coltivare una visione del mondo in cui delle creature soffrono gratuitamente? Visione che, tra l'altro, mi fa a sua volta soffrire gratuitamente! È davvero possibile una realtà in cui dei princìpi intelligenti, quali noi siamo, scelgono di soffrire senza alcuna ragione? Ma per tornare alla genetica: possiamo davvero escludere l'esistenza di una paragenetica che la precede e in parte la definisce? Abbiamo mai indagato a riguardo? Quali scelte del mio passato (in questo caso extrafisico, cioè precedente alla "discesa" nella dimensione fisica) hanno determinato la mia attuale condizione? Nella misura in cui cresciamo (ci evolviamo) come coscienze, possiamo indubbiamente imparare a seminare meglio! (In francese ci sarebbe un bel gioco di parole, dato che "semer" suona anche come "s'aimer", cioè amarsi!) È autoevidente per me che la sofferenza che patiamo oggi altro non è che il risultato delle nostre false teorie di ieri, che abbiamo ereditato e autoereditato, e a cui abbiamo creduto. E la nostra sofferenza è proprio lì a ricordarcelo. Mi viene in mente che la parola "martire", nel suo senso originale, significa proprio "testimone". Non testimone della fede dunque, ma piuttosto delle nostre false credenze, con le quali continuamente ci autoaggrediamo, sia psicologicamente che fisicamente. Comunque, se non allarghiamo il quadro concettuale (teorico) con il quale indaghiamo la nostra vita, al di là di quello molto riduttivo del mero epifenomeno biologico, convengo con te che l'intera faccenda della nostra attuale condizione (intrafisica) possa apparirci come difficilmente comprensibile, se non del tutto assurda. Ma ho parlato abbastanza, mi fermo qui. Spero che in una qualche misura abbia saputo rispondere alle tue (molto giustificate) perplessità. Un abbraccio di cuore, caro amico, e grazie infinite per il tuo contributo prezioso.

Massimiliano

A PROPOSITO DI AUTORICERCA

AutoRicerca è la rivista (ad accesso aperto) del *LAB – Laboratorio di Autoricerca di Base*. Il suo scopo è pubblicare scritti di valore, in lingua italiana, sul tema della *ricerca interiore*.

Ponendosi al di fuori delle abituali categorie editoriali, *AutoRicerca* offre ai suoi lettori articoli di notevole livello, selezionati, controllati e tradotti personalmente dall'editore. Questi testi, pur esigendo un certo impegno per essere assimilati – vanno studiati, più che letti – restano pur sempre accessibili al lettore generico, purché animato da buona volontà e realmente desideroso di imparare qualcosa di nuovo.

In accordo con la *Dichiarazione di Berlino*, che afferma che la disseminazione della conoscenza è incompleta se l'informazione non è resa largamente e prontamente disponibile alla società, *AutoRicerca* è una rivista ad accesso aperto.

Più specificatamente, i volumi in formato elettronico (pdf) sono scaricabili gratuitamente dal sito del *LAB*, cliccando sul link corrispondente.

L'accesso aperto alla versione elettronica non esclude però la possibilità di ordinare i volumi cartacei (è possibile ordinare anche un singolo volume), il cui acquisto è un modo per sostenere la missione della rivista.

Se desiderate essere sempre informati sulle nuove uscite (al momento la cadenza è di due numeri all'anno), potete iscrivervi alla mailing-list, inviando una email all'indirizzo seguente: *autoricerca@gmail.com*, indicando nell'oggetto "mailing-list-rivista," e specificando nel corpo del messaggio nome, cognome e paese di residenza.

autoricerca.com

NUMERI PRECEDENTI

NUMERO 1, ANNO 2011 – LO STATO VIBRAZIONALE

Un approccio alla ricerca sullo stato vibrazionale attraverso lo studio dell'attività cerebrale (*Wagner Alegretti*)

Attributi misurabili della tecnica dello stato vibrazionale (*Nanci Trivellato*)

Dal pranayama dello Yoga all'OLVE della Coscienziologia: proposta per una tecnica integrativa
(*Massimiliano Sassoli de Bianchi*)

NUMERO 2, ANNO 2011 – FISICA E REALTÀ

Proprietà effimere e l'illusione delle particelle microscopiche (*Massimiliano Sassoli de Bianchi*)

Un tentativo di immaginare parti della realtà del micromondo (*Diederik Aerts*)

NUMERO 3, ANNO 2012 – L'ARTE DI OSSERVARE

L'arte dell'osservazione nella ricerca interiore (*Massimiliano Sassoli de Bianchi*)

NUMERO 4, ANNO 2012 – SCIENZA E SPIRITUALITÀ

Yoga, fisica e coscienza (*Ravi Ravindra*)

Cercare, ricercare, autoricercare...
(*Massimiliano Sassoli de Bianchi*)

Speculazioni su origine e struttura del reale
(*Massimiliano Sassoli de Bianchi*)

NUMERO 5, ANNO 2013 – OBE

Scoprire la tua missione di vita (*Kevin de La Tour*)

Esperienze fuori del corpo: una prospettiva di ricerca
(*Nanci Trivellato*)

Filtri parapercettivi, esperienze fuori del corpo e parafenomeni
associati (*Nelson Abreu*)

Elementi teorico-pratici di esplorazione extracorporea
(*Massimiliano Sassoli de Bianchi*)

NUMERO 6, ANNO 2013 – ENERGIA

Una sottile rete di luce (*Andrea Di Terlizzi*)

Bioenergia (*Sandie Gustus*)

Energie sottili o materie sottili? Una chiarificazione concettuale
(*Massimiliano Sassoli de Bianchi*)

Trasferimento interdimensionale di energia: un modello semplice di massa (*Massimiliano Sassoli de Bianchi*)

NUMERO 7, ANNO 2014 – SCIENZA, REALTÀ & COSCIENZA

Scienza, realtà e coscienza. Un dialogo socratico
(*Massimiliano Sassoli de Bianchi*)

NUMERO 8, ANNO 2014 – ARCHETIPI

Astrologia elementale e aritmosofia
(*Vittorio Demetrio Mascherpa*)

La nuova astrologia (*Nadav Hadar Crivelli*)

Corrispondenze astrologiche: una prospettiva multiesistenziale
(*Massimiliano Sassoli de Bianchi*)

NUMERO 9, ANNO 2015 – CORRISPONDENZE

Dialogando con Misha e Maksim
(*autori anonimi*)

Numero 10, Anno 2015 – Studi sulla Coscienza

Risultati preliminari sul rilevamento di bioenergia e dello stato vibrazionale mediante fMRI (*Wagner Alegretti*)

Requisiti per una teoria matematica della coscienza
(*Federico Faggin*)

Studi preliminari su evidenze di pseudoscienza
in coscienziologia (*Flávio Amaral*)

Fisica quantistica e coscienza: come prenderle sul serio e quali sono le conseguenze?
(*Massimiliano Sassoli de Bianchi*)

Numero 11, Anno 2016 – Corrispondenze bis

Dialogando con Misha e Maksim... e alcuni altri
(*autori anonimi*)

autoricerca.com